中国矮槲寄生

田呈明　胡　阳　等　编著

中国林业出版社
·北京·

图书在版编目（CIP）数据

中国矮槲寄生 / 田呈明等编著 . —北京： 中国林业
出版社，2020.6

ISBN 978-7-5219-0555-7

Ⅰ.①中… Ⅱ.①田… Ⅲ.①云杉—寄生植物害—病
害—防治 Ⅳ.①S765.5

中国版本图书馆 CIP 数据核字（2020）第 073843 号

审图号：GS（2020）4343 号

出版发行 中国林业出版社（100009 北京西城区刘海胡同 7 号）
　　　　 网址　http://www.forestry.gov.cn/lycb.html
　　　　 E-mail　36132881@qq.com　 电话　010-83143545
印　　刷 北京中科印刷有限公司
版　　次 2020 年 6 月第 1 版
印　　次 2020 年 6 月第 1 次印刷
开　　本 787mm×1092mm　 1/16
印　　张 13（含彩图16面）
字　　数 247 千字
定　　价 80.00 元

前　言

　　油杉寄生属 *Arceuthobium* 植物，俗称矮槲寄生（dwarf mistletoe），是寄生于松科 Pinaceae 和柏科 Cupressaceae 针叶树上的多年生半寄生性种子植物。矮槲寄生侵染后，可在针叶树寄主体内产生庞大的内寄生系统吸取营养，在寄主体外抽发植株进行有性繁殖，其为害的典型症状是使寄主畸形发育产生巨大的"扫帚状丛枝"，导致寄主营养和水分供应不平衡、枝叶枯萎，逐渐死亡。自 20 世纪 80 年代对油杉矮槲寄生进行初步研究以来，国内对矮槲寄生的研究一直没有显著进展。近年来，云杉矮槲寄生在我国青海、甘肃、四川、西藏等地区普遍发生，发病严重区域受害株率高达 90% 以上，导致三江源地区天然林区的云杉大面积死亡，矮槲寄生害已经成为我国云杉天然林的毁灭性生物灾害之一。

　　自 2005 年开始，在北京林业大学教育部"985"优势学科平台、教育部创新团队的支持下，我们开始接触云杉矮槲寄生，从分布、危害特点和生物学特性等方面逐一开始调查研究。2012 年，在林业公益性行业科研专项（201204503）和国家"十二五"科技支撑项目（2012BAD19B0702）的大力支持下，由北京林业大学牵头，联合青海省森林病虫害防治检疫总站、青海省林业科学研究所、青海省门源回族自治县仙米林场、青海省互助土族自治县北山林场、青海省黄南藏族自治州麦秀林场，共同对云杉矮槲寄生进行系统调查和生态控制技术的试验研究，使矮槲寄生害的研究工作得以继续。

　　为了能够最大限度地保护天然林资源，有效治理云杉矮槲寄生害，我们在多年研究成果的基础上，总结了我国矮槲寄生的种类、寄主和分布概况，以及矮槲寄生的发生和危害特点及防治策略等方面的国内外研究进展，并重点介绍了云杉矮槲寄生的生物学特点、发生传播规律、危害的生理机制、成灾因子以及生态控制技术等方面的研究内容，供国内自然保护、植物保护、森林保护以及森林经营工作者使用，并可供农林院校和相关研究单位的科研人员使用。

　　本书的成稿和相关的研究工作，首先要感谢国家林业和草原局科技司和北京林业大学的大力支持，特别感谢北京林业大学副校长骆有庆教授给予的支持与指导；感谢国家林业和草原局吴坚研究员、杜纪山研究员，中国林业科学研究院张星耀研究员、张建国研究员、梁军研究员，北京林业大学张启翔教授、韩海荣教授、许志春副教授、梁英梅教授、王永林教授、曹卫群教授，南京林业大学叶建仁教授，西北农林科技大学陈辉教授，青海省林业厅王恩光副厅长、汪荣院长、马建海处长、张学元处长提供的支持和良好的建议。青海省林业厅才让旦周、周卫芬、杨启青，青海省林业科学研究所朱春云、刘小利，仙米林场场长李涛、胡岳，麦秀林场韩富忠，北山林场吴有林，以及北京林业大学研究生周在豹、夏博、高发明、李学武、朱宁波、白云、王野、张超、赵敏、赵瑛瑛、宋丹丹、左建华等参加了调查研究工作，在此一并致谢。

由于时间仓促，加之作者水平有限，谬误之处，恳请各位专家、读者批评指正。

编著者

2019 年 10 月

目　录

附　图

第 1 章

寄 生 植 物

1.1 寄生植物的概念

寄生植物是一类寄生于其他植物体内、从寄主获取营养的植物。这些植物由于根系、叶片退化，或缺乏足够的叶绿素不能进行充分的光合作用而营寄生生活。寄生植物全部是双子叶植物，能够开花结果产生种子，因此也被称为寄生性开花种子植物。全国科学技术名词审定委员会审定公布的寄生植物属于地理学（一级学科），生物地理学（二级学科）范畴；同时寄生植物也属于植物学（一级学科），植物学总论（二级学科）范畴。

寄生植物大部分寄生于野生木本植物上，如桑寄生、槲寄生等；少数也寄生在农作物或果树上，如菟丝子、列当等。有些寄生植物整株或部分器官可以药用，如无根藤、桑寄生、列当、肉苁蓉等都是重要的中药材。寄生植物因其寄生性，几乎所有的种类都会对寄主植物造成不同程度的危害。

根据寄生植物对寄主的依赖程度和获取寄主营养成分的不同，可将其分为全寄生和半寄生两种类型。全寄生植物是指寄生植物吸根中的导管与筛管分别与寄主植物的导管与筛管相连，从而使寄生植物能够从寄主中获取自身所需的全部营养物质。如菟丝子和列当，它们的叶片退化，叶绿素消失，根系逐渐退化为依存于寄主植物体内的吸根来专门吸收营养，茎和花非常发达，可结出大量的种子。半寄生植物是指寄生植物的茎、叶内含有叶绿素，自身能够进行一定的光合作用，但根系退化，吸根的导管与寄主维管束相连，主要从寄主体内吸取水分、部分营养物质以供其生长。如桑寄生和槲寄生，它们叶片退化成茎叶，呈绿色，含有叶绿素，根系也为吸根，茎、叶可进行光合作用提供部分营养。

1.2　寄生植物的主要类群

寄生植物约有 3000 多个种，分布于 17 个科，主要包括：樟科 Lauraceae、檀香科 Santalaceae、桑寄生科 Loranthaceae、蛇菰科 Balanophoraceae、羽毛果科 Misodendraceae、房底珠科 Eremolepidaceae、菌花科 Hydnoraceae、帽蕊草科 Mitrastemonaceae、大花草科 Rafflesiaceae、旋花科 Convolvulaceae、玄参科 Scrophulariaceae、列当科 Orobanchaceae 等。

分布数量最多的科是列当科和桑寄生科。寄生性种子植物部分科、属的分类地位，在不同的分类系统中存在分歧。中国常见的寄生植物如下。

1.2.1　樟科—无根藤属—无根藤

樟科 Lauraceae 植物为常绿或落叶，乔木或灌木，仅无根藤属 Cassytha 为寄生植物，在国内外都有分布。无根藤属共 15~20 种，分布在澳大利亚及非洲等地。中国无根藤属仅有 1 种——无根藤 Cassytha filiformis，主要分布在云南、贵州、广东、广西、福建、江苏、浙江、台湾等南部省区，生于海拔 980~1600m 山坡灌木丛或疏林中。无根藤为寄生缠绕草本，借盘状吸根攀附于寄主植物上。全株可供药用，是一种重要的中药材。

1.2.2　锁阳科—锁阳属—锁阳

锁阳科 Cynomoriaceae 植物为多年生肉质寄生草本，仅有 1 属（锁阳属 Cynomorium）2 种，中国仅有 1 种。锁阳 C. songaricum 为寄生植物，无叶绿素，全株红棕色，高 15~100cm，大部分埋于沙中。主要分布在西北地区的草原、荒漠地带的河边、湖边、水塘边等有白刺、枇杷柴生长的盐碱地区。多寄生在白刺属 Nitraria、红砂属 Reaumuria 植物上。除去花序的肉质茎可供药用，有补肾益精之功效。

1.2.3　旋花科—菟丝子属

旋花科 Convolvulaceae 植物为草本、亚灌木或灌木，在干旱地区有些种类变成多刺的矮灌丛，仅菟丝子属 Cuscuta 为寄生植物。菟丝子属约有 170 个种，广泛分布于全世界暖温带地区，主产美洲。中国产 11 种，南北均有。菟丝子属植物为寄生草本，无根，借助吸器固着寄主。常见的有菟丝子 Cuscuta chinensis 及日本菟丝子 C. japonica。菟丝子通常寄生于豆科、菊科的多种植物上，其种子可药用，常用于肝肾不足，有补肝益肾的功效。菟丝子在大豆产区是一种重要的有害杂草，也危害胡麻、苎麻、花生、马铃薯等农作物。日本菟丝子主要寄生木本植物，影响其生长。

菟丝子属因它们的寄生生活习性、具覆瓦状的花冠和纤细螺卷而又简化的胚，曾有人将它独立为菟丝子科 Cuscutaceae，但因其花的构造属于旋花科，合萼的情况在一些非国产属如银毯藤属 Falkia、威尔逊旋花属 Wilsonia 中也存在，果实周裂的特点与盒果藤属 Operculina 有某种程度的相似性，可以理解为旋花科营养器官极端退化的一个支系，所以多数分类系统仍将其作为一个属归于旋花科。

1.2.4　玄参科—山罗花属、独脚金属

玄参科 Scrophulariaceae 植物多为草本、灌木，约 200 属 3000 种，广布全球各地。中国有 56 属，其中山罗花属、独脚金属为寄生植物。

（1）山罗花属 Melampyrum 植物变异大，约 20 种，中国分布有 3 个种。通常以山罗花 M. roseum 为通用名，为一年生半寄生草本，各地均有分布，常生于山坡灌丛及高草丛中。全草可药用，具有清热解毒之功效。

（2）独脚金属 Striga 约 20 种，中国有 3 种，为一年生半寄生草本，主要分布在云南、贵州及东南沿海省份。以独脚金 S. asiatica 最为常见，多生长于庄稼地和荒草地，寄生在寄主的根上。全草可药用，多用于小儿清热消积。

1.2.5　檀香科—米面蓊属、檀香属、寄生藤属、重寄生属

檀香科 Santalaceae 植物为草本或灌木，稀小乔木，常为寄生或半寄生，少数为重寄生植物，约 30 属。中国产 8 属，其中米面蓊属、檀香属、重寄生属、寄生藤属为寄生植物，多数是根寄生，也有茎寄生，都以吸器伸入寄主体内获取水分和养分。

（1）米面蓊属 Buckleya 约 4 种，中国有 2 种，为半寄生落叶灌木，主要分布在西北、西南和华中地区。米面蓊 B. lanceolate 为广布种，生长于灌丛、杂木林及山地林中。秦岭米面蓊 B. graebneriana，主要生长在陕西、甘肃海拔 700~1800m 阔叶林中。

（2）檀香属 Santalum 约 20 种，中国引种栽培 2 种，为半寄生小乔木，寄主多为根系发达的菊科或有根瘤的豆科植物。檀香 S. album 主要在广东、台湾引种栽培，巴布亚檀香 S. papuanum 主要在广东引种栽培。檀香的心材黄褐色，有强烈香气，是贵重的药材和名贵的香料。

（3）寄生藤属 Dendrotrophe 约 10 种，中国产 6 种 2 变种，为半寄生木质藤本，

分布在南部和西南部地区。寄生藤 *D. frutescens* 为广布种，主要产于福建、广东、广西、云南。生长于海拔 100~300m 山地灌丛中，常呈灌木状攀援于树上。全株可药用，外敷治跌打刀伤。

（4）重寄生属 *Phacellaria* 约 8 种，中国产 5 种，分布在西南和华南各省区。本属植物为全寄生植物，"没茎"（以前簇生的花序被认为是茎）、无叶。重寄生 *P. fargesii* 花序密集簇生，产于四川、湖北、贵州、广西海拔 1000~1400m 林中，常寄生于锈毛钝果寄生 *Taxillus levinei* 等桑寄生科植物的枝上。粗序重寄生 *P. caulescens* 花序粗壮，产于云南、广西海拔 900~2400m 杂木林中，寄生于鞘花 *Macrosolen cochinchinensis* 等桑寄生科植物上。扁序重寄生 *P. compressa* 花序疏生、扁平，产于西藏、四川、云南、广西海拔 550~1800m 杂木林中，常寄生于广寄生 *Taxillus chinensis* 等桑寄生科植物上，偶寄生于寄生藤属植物上。硬序重寄生 *P. rigidula* 花序簇生、细长坚硬，产于四川、云南、广西、广东海拔 1400~2100m 杂木林中，常寄生于桑寄生科植物上。

1.2.6 列当科—草苁蓉属、黄筒花属、野菰属、假野菰属、肉苁蓉属、蘸寄生属、齿鳞草属、豆列当属、列当属

列当科 Orobanchaceae 植物为一年或多年生寄生草本，全科都为寄生植物，以吸根附着于其他植物的根部。本科有 15 属 150 多种，主要分布于北温带，中国产 9 属 40 种 3 变种，主要分布于西部。

（1）草苁蓉属 *Boschniakia* 为寄生肉质草本，共 2 种，中国 2 种均有。草苁蓉 *B. rossica* 植株高 15~35cm，近无毛，产于黑龙江、吉林和内蒙古海拔 1500~1800m 的山坡、林下低湿处及河边，常寄生于桤木属植物的根上，全草入药，为中药肉苁蓉的代用品，有补肾壮阳、润肠通便之功效。丁座草 *B. himalaica* 植株高 15~45cm，近无毛，产于青海、西藏、云南、贵州、四川等省区海拔 400~2500m 高山林下或灌丛中，常寄生于杜鹃花属植物的根上，全草入药，有止咳祛痰和消胀健胃之功效。

（2）黄筒花属 *Phacellanthus* 仅 1 种，分布于中国、朝鲜、日本等国。黄筒花 *P. tubiflorus* 为肉质寄生小草本，高 5~11cm，全株几无毛，产于吉林、陕西、甘肃、浙江、湖北和湖南海拔 800~1400m 的山坡林下。

（3）野菰属 *Aeginetia* 全部为寄生草本，共有 4 种，中国产 3 种。野菰 *A. indica* 为一年生，高 15~40（~50）cm，产于江苏、浙江、云南、贵州、四川等省区海拔 200~1800m 阔叶林中，喜生于土层深厚、湿润及枯叶多的地方，常寄生于芒属和蔗属等禾草类植物根上，根和花可供药用，有清热解毒之功效。短

梗野菰 *A. acaulis* 植株高 6~14cm，产于广西西部和贵州西南部海拔 900~1200m 的山坡阴处及林下。中国野菰 *A. sinensis* 植株高 15~30cm，产于安徽、浙江、江西和福建海拔 800~920m 山坡及林下。

（4）假野菰属 *Christisonia* 为低矮寄生草本，常数株簇生在一起。本属共约 16 种，分布于亚洲热带地区，中国产 1 种。假野菰 *C. hookeri* 植株高 3~8 （~12）cm，常数株簇生，近无毛，产于广东、海南、广西、四川、贵州和云南海拔 1500~2000m 竹林下或潮湿处。假野菰形态多样，它的体态及大小、花萼形状、质地、长度及分裂度等，都有很大变异，甚至同一产地的标本也有变异。

（5）肉苁蓉属 *Cistanche* 为多年生寄生草本。约有 20 种，分布于欧洲、亚洲温暖干燥的地区，中国有 5 种，分布于内蒙古、宁夏、甘肃、青海、新疆等省区。肉苁蓉 *C. deserticola* 为高大草本，高 40~160cm，大部分生在地下，常生长在海拔 225~1150m 的荒漠或沙丘上，主要寄主为梭梭和白梭梭，茎可入药，在西北地区有 "沙漠人参" 之称，有补精血、益肾壮阳、润肠通便之功效。沙苁蓉 *C. sinensis* 植株高 15~70cm，常生于海拔 1000~2240m 的荒漠草原带及荒漠区的沙质地、砾石地或丘陵坡地，主要寄主有红砂、珍珠柴、沙冬青、藏锦鸡儿、霸王、四合、绵刺等。盐生肉苁蓉 *C. salsa* 植株高 10~45cm，常生于海拔 700~2650m 的荒漠草原带、荒漠区的湖盆低地及盐碱较重的地区，常见的寄主有盐爪爪、细枝盐爪爪、凸尖盐爪爪、红沙、珍珠柴、白刺和芨芨草等。管花肉苁蓉 *C. tubulosa* 植株高 60~100cm，地上部分高 30~35cm，产于新疆南部（民丰），常生于海拔 1200m 水分较充足的柽柳丛中，主要寄主为柽柳属植物。兰州肉苁蓉 *C. lanzhouensis* 植株高 50cm，产于甘肃兰州附近的山坡地中。

（6）藨寄生属 *Gleadovia* 为肉质寄生草本，共 2 种，产于中国西南部和喜马拉雅山脉的西北部，其中 1 种为中国特有。藨寄生 *G. ruborum* 植株高 8~18cm，茎全部地上生，产于云南、四川、广西及湖南海拔 900~3500m 林下湿处或灌丛中，喜寄生于悬钩子属植物的根上，全草可药用，具解毒功效。宝兴藨寄生 *G. mupinense* 为较高大的肉质草本，高 10~20（~30）cm，为中国特有种，产于四川（宝兴、汶川、天全、峨眉山、雷波），生于海拔 3000~3500m 林下或路旁潮湿处。

（7）齿鳞草属 *Lathraea* 为寄生肉质草本，共 5 种，分布于欧洲西部、苏联高加索地区、喜马拉雅和日本，中国仅产 1 种。齿鳞草 *Lathraea japonica* 植株高 20~30（~35）cm，全株密被黄褐色的腺毛，产于陕西、甘肃、广东、四川及贵州海拔 1500~2200m 林下阴湿处。

（8）豆列当属 *Mannagettaea* 为矮小寄生草本，共 2 种，中国皆有。豆列当 *M. labiata* 为寄生草本，高 10~11cm，地上部分仅高 3~3.5cm，为中国特有种，产于四川西北部（松潘）海拔 3600m 林下，常寄生于锦鸡儿属植物的根部。矮生豆列当 *M. hummelii* 植株矮小，高 3~5cm，产于甘肃西南部及青海东南部海拔 3200~3700m 林下及山坡灌丛中，常寄生于锦鸡儿属、柳属等植物的根上。

（9）列当属 *Orobanche* 为多年生、二年生或一年生肉质寄生草本。主要分布于北温带，少数种分布到中美洲南部和非洲东部及北部。列当属约有 100 多种，中国产 23 种 3 变种 1 变型，大多数分布于西北部，少数分布到北部、中部及西南部等地。常寄生于蒿属、小檗属、茉莉属等植物的根上，多生于沙丘、山坡及沟边草地上。本属分两组，小苞组约有 30 多种，中国有分枝列当 *O. aegyptiaca*、光药列当 *O. brassicae*、毛列当 *O. caesia* 等 7 种，主要分布在中国西北部；列当组约 60 多种，中国有列当 *O. coerulescens*、大花列当 *O. megalantha*、长苞列当 *O. solmsii* 等 18 种 3 变种 1 变型，大多数分布于中国西北部，少数分布于北部、中部及西南部。

1.2.7 桑寄生科—鞘花属、大苞鞘花属、离瓣寄生属、桑寄生属、大苞寄生属、五蕊寄生属、梨果寄生属、钝果寄生属

桑寄生科 Loranthaceae 植物为半寄生性灌木、亚灌木，稀草本，大多数寄生于木本植物的茎或枝上，个别寄生于根部。共约 65 属 1300 余种，主产于热带和亚热带地区，少数种类分布于温带。中国产 11 属 64 种 10 变种。桑寄生科植物对寄主造成不同程度的危害，影响寄主生长及繁殖，也可导致果树、经济树木减产或失收。一部分种类为药用植物，如桑寄生、广寄生、杉寄生等为常用中药材。

（1）鞘花属 *Macrosolen* 为寄生性灌木，共约 40 种，分布于亚洲南部和东南部，中国产 5 种。鞘花 *M. cochinchinensis* 植株高 0.5~1.3m，产于西藏（墨脱）、云南、四川、贵州、广西、广东、福建海拔 20~1600m 平原或山地的常绿阔叶林中，常寄生于壳斗科、山茶科、桑科植物或枫香、油桐、杉树等植物上，全株可药用。广东、广西民间以寄生于杉树上的鞘花为佳品，称"杉寄生"，有清热止咳之功效。三色鞘花 *M. tricolor* 植株高约 0.5m，产于广西、广东和海南的海滨平原或低海拔山地灌木林中，主要寄主为香叶树、橘树、银柴、龙眼、红花榄李等。勐腊鞘花 *M. suberosus* 植株高 0.5~1m，产于云南勐腊海拔 700m 的常绿阔叶林中，主要寄主为木兰科山白兰。双花鞘花 *M. bibracteolatus* 植株高 0.3~1m，产于云南、贵州、广西、广东海拔 300~1800m 的山地常绿阔叶林中，主要寄主为樟属、山茶属、五月茶属、灰木属等植物。短序鞘花 *M. robinsonii* 植株高 0.5~1m，产于云南（腾冲、龙陵、景洪）海拔 1000~1850（~2500）m 山地常绿阔叶林中，主要寄主为栎属植物。

（2）大苞鞘花属 *Elytranthe* 为寄生性灌木，共约 10 种，分布于亚洲南部和东

南部，中国产 2 种，分布于云南和西藏。大苞鞘花 *E. albida* 植株高 2~3m，产于云南海拔 1000~1800（~2300）m 山地常绿阔叶林中，主要寄主为栎属、榕属等植物。墨脱大苞鞘花 *E. parasitica* 植株高 1~2m，产于西藏（墨脱）海拔 1500~1650m 山谷常绿阔叶林中。

（3）离瓣寄生属 *Helixanthera* 为寄生性灌木，约 50 种，分布于非洲和亚洲的热带和亚热带地区，中国产 7 种。离瓣寄生 *H. parasitica* 植株高 1~1.5m，产于西藏（墨脱）、云南、贵州、广西、广东、福建海拔 20~1500（~1800）m 沿海平原或山地的常绿阔叶林中，主要寄主为锥栗属、柯属、樟属、榕属植物及荷树、油桐、苦楝等，茎、叶可入药，有祛风湿的功效。密花离瓣寄生 *H. pierrei* 植株高约 1m，产于云南（景洪、勐腊），主要寄主为杜鹃属植物。景洪离瓣寄生 *H. coccinea* 植株高约 1m，产于云南（景洪），主要寄主为锥栗属植物。滇西离瓣寄生 *H. scoriarum* 植株高 1~2m，产于云南（盈江、腾冲、临沧），主要寄主为壳斗科植物。油茶离瓣寄生 *H. sampsoni* 植株高约 0.7m，产于云南（西双版纳和文山州）、广西、广东、福建，主要寄主为油茶或山茶科、樟科、柿科、大戟科、天料木科等植物。广西离瓣寄生 *H. guangxiensis* 植株高约 0.7m，产于广西东南部、广东、海南，主要寄主为油茶等。林地离瓣寄生 *H. terrestris* 植株高 0.5~2m，产于西藏（墨脱），主要寄主为榕属植物。

（4）桑寄生属 *Loranthus* 为寄生性灌木，约 10 种，分布于欧洲和亚洲的温带和亚热带地区，中国产 6 种。椆树桑寄生 *L. delavayi* 植株高 0.5~1m，全株无毛，产于中国西南、东南等各省区海拔（200~）500~3000m 山谷、山地常绿阔叶林中，主要寄主为壳斗科植物，也可寄生在云南油杉、梨树等植物上。北桑寄生 *L. tanakae* 植株高约 1m，全株无毛，产于四川、甘肃、陕西、山西、内蒙古、河北、山东海拔 950~2000（~2600）m 山地阔叶林中，主要寄主为栎属、榆属、李属、桦属等植物，其枝、叶在民间作桑寄生入药，与钝果寄生属桑寄生同效。吉隆桑寄生 *L. lambertianus* 产于西藏（吉隆、定结、墨脱），主要寄主为栎属植物。南桑寄生 *L. guizhouensis* 产于云南东部、贵州、广西（凌云）、广东（封开、连县）、湖南（宁远），主要寄主为栎属植物。华中桑寄生 *L. pseudo-odoratus* 产于重庆（奉节）、湖北、浙江（龙泉、庆元），主要寄主为栎属和锥栗属植物。台中桑寄生 *L. kaoi* 产于台湾。《中国植物志》中桑寄生属采纳的是狭义的概念，即与恩格尔系统中桑寄生属的概念相同，也不将梨果寄生属囊括在内。

（5）大苞寄生属 *Tolypanthus* 为寄生性灌木，约 5 种，分布于亚洲南部（印度、锡金、斯里兰卡）和东部（中国），中国产 2 种。大苞寄生 *T. maclurei* 植株高 0.5~1m，产于贵州、广西、湖南、江西、广东、福建海拔 150~900（~1200）m 山地、山谷或溪畔的常绿阔叶林中，主要寄主包括油茶、檵木、柿树、紫薇及杜鹃属、杜英属、冬青属等植物。黔桂大苞寄生 *T. esquirolii* 植株高 0.8~2m，产于贵州（兴义、安龙、紫云）、广西（天峨、乐业）海拔 1100~1200m 山地或山谷阔叶林中，主要寄主为枇杷、油桐及山茶属等植物。

（6）五蕊寄生属 *Dendrophthoe* 为寄生性灌木，共约 30 种，分布于非洲、亚洲和大洋洲的热带地区，中国仅有 1 种。五蕊寄生 *D. pentandra* 为高 2m 的寄生性灌木，产于云南、广西、广东海拔 20~700（~1600）m 平原或山地常绿阔叶林中，主要寄主包括乌榄、白榄、木油桐、杧果、黄皮、木棉、榕树等多种植物。

（7）梨果寄生属 *Scurrula* 为寄生性灌木，分为拟梨果组和梨果组，共约 50 种，分布于亚洲东南部和南部，中国产 11 种 2 变种。

拟梨果组：梨果寄生 *S. philippensis* 植株高 0.7~1m，产于云南、贵州西南部、广西（隆林）海拔 1200~2900m 山地阔叶林中，主要寄主为楸树、油桐、桑树及壳斗科等植物。高山寄生 *S. elata* 植株高 0.5~1.5m，产于西藏、云南海拔（2000~）2400~2850m 常绿阔叶林或针阔混交林中，主要寄主为高山栎及栲子属、杜鹃属、荚蒾属、冬青属等植物。小叶梨果寄生 *S. notothixoides* 产于广东、海南，主要寄主包括倒吊笔、蓝树、三叉苦、鹊肾树、酸橙等植物。楠树梨果寄生 *S. phoebe-formosanae* 产于福建、台湾，寄主为樟科植物。贡山梨果寄生 *S. gongshanensis* 产于云南（贡山、碧江）。白花梨果寄生 *S. pulverulenta* 产于云南（盈江、镇康、耿马、临沧、勐海），主要寄主为枣树、山牡荆及野桐属等植物。

梨果组：红花寄生 *S. parasitica* 植株高 0.5~1m，产于西南、东南各省区及台湾海拔 20~1000（~2800）m 沿海平原或山地常绿阔叶林中，主要寄主包括柚树、橘树、柠檬、黄皮、桃树、梨树及山茶科、大戟科、夹竹桃科、榆科、无患子科等多种植物，也可寄生于云南油杉、干香柏上，全株可入药，治疗风湿性关节炎、胃痛等。小红花寄生为其变种，但叶、花、果均较细小。卵叶梨果寄生 *S. chingii* 植株高约 1m，产于云南、广西海拔 90~1100m 低山或山地常绿阔叶林中，主要寄主包括油茶、木油桐、木波罗、白饭树、普洱茶等植物。短柄梨果寄生为其变种，产于云南，主要寄主为石榴、夹竹桃及柿属、蒲桃属、木姜子属等植物。滇藏梨果寄生 *S. buddleioides* 产于西藏、云南、四川，主要寄主为桃树、梨树、马桑、一担柴及荚蒾属、柯属等植物。锈毛梨果寄生 *S. ferruginea* 产于云南西南部和南部，主要寄主为李属、柑橘属等植物。元江梨果寄生 *S. sootepensis* 产于云南（勐腊、金平），主要寄主为五月茶属、铁青树属等植物。

（8）钝果寄生属 *Taxillus* 为寄生性灌木，共约 25 种，分布于亚洲东南部和南部，中国产 15 种 5 变种，分布于西南和秦岭以南各省区。分为披针裂片组、簇生叶组和匙形裂片组。

披针裂片组有 8 种，中国产木兰寄生 *T. limprichtii*、高雄钝果寄生 *T. pseudochinensis*、龙陵钝果寄生 *T. sericus*、桑寄生 *T. sutchuenensis*、台湾钝果寄生 *T. theifer*、滇藏钝果寄生 *T. thibetensis*、伞花钝果寄生 *T. umbelifer* 等 7 种 3 变种。木兰寄生 *T. limprichtii* 为高 1~1.3m 寄生性灌木，产于云南东南部、贵州南部、广西、广东、四川东部、湖南、江西南部、福建、台湾海拔 240~1300m 山地阔叶林中，主要寄主包括乐东木兰、金叶含笑、枫香、檵木、油桐、樟树、香叶树、栗、锥栗、梧桐等植物。桑寄生 *T. sutchuenensis* 为高 0.5~1m 寄生性灌木，产于西南、东南、华中等各省区及台湾海拔 500~1900m 山地阔叶林中，主要桑树、梨树、李树、梅树、油茶、厚皮香、漆树、核桃或栎属、柯属、水青冈属、桦属、榛属等植物上，本种在长江流域山地较常见，是《本草纲目》记载的桑寄生原植物，即中药材桑寄生的正品，全株可入药，有治疗风湿腰痛之功效。

簇生叶组有 3 种 2 变种，包括松柏钝果寄生 *T. caloreas*、柳叶钝果寄生 *T. delavayi*、小叶钝果寄生 *T. kaempferi* 等，中国均产。柳叶钝果寄生 *T. delavayi* 为高 0.5~1m 的寄生性灌木，产于西藏东部、云南、四川、贵州西部、广西（凌云）海拔（1500~）1800~3500m 高原或山地阔叶林、针阔混交林中，主要寄主包括花楸、山楂、樱桃、梨树、桃树、马桑及柳属、桦属、栎属、槭属、杜鹃属等多种植物，也可寄生于云南油杉上，全株可入药，在四川民间用于治疗孕妇腰痛、安胎等。

匙形裂片组有 6 种，中国产 5 种：栗毛钝果寄生 *T. balansae*、广寄生 *T. chinensis*、锈毛钝果寄生 *T. levinei*、毛叶钝果寄生 *T. nigrans*、短梗钝果寄生 *T. vestitus*。广寄生 *T. chinensis* 为高 0.5~1m 的寄生性灌木，产于广西、广东、福建南部海拔 20~400m 平原或低山常绿阔叶林中，主要寄主包括桑树、桃树、李树、龙眼、荔枝、杨桃、油茶、油桐、橡胶树、榕树、木棉、马尾松、水松等多种植物。全株可入药，药材称"广寄生"，系中药材桑寄生的主要品种，可治风湿痹痛、腰膝酸软、胎动、高血压等。民间草药以寄生于桑树、桃树、马尾松等植物上的广寄生疗效较佳，寄生于夹竹桃上的广寄生有毒，不宜药用。

1.2.8　槲寄生科—槲寄生属、栗寄生属、油杉寄生属

槲寄生科 Viscaceae 植物为寄生性灌木或草本，共 7 属约 350 种，中国产 3 属。

（1）槲寄生属 *Viscum* 为寄生性灌木或亚灌木，共约 70 种，分布于东半球，主产热带和亚热带地区，少数种类分布于温带地区。中国产 11 种 1 变种，除新疆外，各省区均有分布。分为腋花槲寄生组和槲寄生组。

腋花槲寄生组共约 60 种，中国产 8 种：扁枝槲寄生 *V. articulatum*、棱枝槲寄生 *V. diospyrosicolum*、枫香槲寄生 *V. liquidambaricolum*、聚花槲寄生 *V. loranthi*、五脉槲寄生 *V. monoicum*、柄果槲寄生 *V. multinerve*、瘤果槲寄生 *V. ovalifolium*、云南槲寄生 *V. yunnanense*。扁枝槲寄生 *V. articulatum* 为高 0.3~0.5m 的寄生性亚灌木，产于云南、广西、广东海拔 50~1200（~1700）m 沿海平原或山地亚热带雨林中，主要寄主包括鞘花、五蕊寄生、广寄生、小叶梨果寄生等桑寄生科植物，也可寄生于壳斗科、大戟科、樟科、檀香科植物上。枫香槲寄生 *V. liquidambaricolum* 为高 0.5~0.7m 寄生性灌木，产于西藏南部和东南部、云南、四川、甘肃（文县）、陕西南部、湖北、贵州、广西、广东、湖南、江西、福建、浙江（平阳）、台湾海拔 200~750m（西南地区 1100~2500m）山地阔叶林或常绿阔叶林中，主要寄主为枫香、油桐、柿树及壳斗科等植物。本组全株入药，民间以寄生于枫香树上的枫香槲寄生为佳，主治风湿性关节疼痛、腰肌劳损。

槲寄生组约 10 种，中国产槲寄生 *V. coloratum*、线叶槲寄生 *V. fargesii*、绿茎槲寄生 *V. nudum* 及卵叶槲寄生（变种）共 3 种 1 变种。槲寄生 *V. coloratum* 为高 0.3~0.8m 的寄生性灌木，除新疆、西藏、云南、广东外大部分省区均有分布，产于海拔 500~1400（~2000）m 阔叶林中，寄主广泛，主要包括榆、杨、柳、桦、栎、梨、李、苹果、枫杨、赤杨、椴树等植物。卵叶槲寄生 *V. album* var. *meridianum* 是白果槲寄生 *V. album* 的变种，产于西藏（察隅、吉隆）、云南海拔 1300~2400（~2700）m 山地阔叶林中，主要寄主为樱桃、花楸、核桃、云南鹅耳枥等植物。白果槲寄生中国没有分布。

（2）栗寄生属 *Korthalsella* 约 25 种，分 3 组，分布于非洲东部和马达加斯加、亚洲南部、东南部、太平洋岛屿至日本，大洋洲澳大利亚和新西兰。中国仅产 1 种 1 变种。栗寄生 *K. japonica* 为寄生性亚灌木，高 5~15cm，产于西藏（波密）、云南、贵州、四川、湖北、广西、广东、福建、浙江（舟山）、台湾等省区海拔 150~1700（~2500）m 山地常绿阔叶林中，寄生于壳斗科栎属、柯属或山茶科、樟科、桃金娘科、山矾科、木犀科等植物上。狭茎栗寄生为栗寄生的变种，常寄生于榼子山栎、鹅耳枥或黄杨属植物上。栗寄生属所在栗寄生族有 3 亚族：亚洲栗寄生亚族（中国不产）、栗寄生亚族和美洲栗寄生亚族（中国不产），计有 4 属。

（3）油杉寄生属 *Arceuthobium* 约 42 种，俗称为矮槲寄生（Dwarf mistletoe），为植株高度小于 20cm 的寄生性亚灌木或矮小草本，植株颜色多样（黄色、绿色、棕色、黑色、红色等），是寄生在松科 Pinaceae 和柏科 Cupressaceae 针叶树枝条的多年生半寄生性种子植物。分布在北半球美国、墨西哥、加拿大、中国等地。

1.3　油杉寄生属的分类

1.3.1　形态学分类

油杉寄生属被明确定义为新大陆松科、旧大陆松科和柏科的专性寄生物的一个属。油杉寄生属是槲寄生科 7 个属中形态极度退化的一个属，其叶片都退化为鳞形叶，没有真根和真花，花很小（直径 2~4mm）并且形成过程普遍相似，区别于狭义的桑寄生科（Kuijt，1969；Wiens *et al.*，1971）。许多通常被用作开花植物分类依据的形态特征（如叶、表皮毛等）在油杉寄生属中并不存在，并且其他形态学特征极度缩小。由于早期缺乏寄主、形态学、生理学和生活史的详细信息，使得该属的分类较为困难，也导致油杉寄生属的分类地位不断被调整。

第一份有记载的矮槲寄生是由 Clusius（1576）在圆柏上发现，并将其归入到了槲寄生属。之后被 Hoffman（1808）从槲寄生属中分离出，并入 *Razoumofskya* 属。此后由 Bieberstein（1819）建立了油杉寄生属 *Arceuthoubium* M.Bieb.。由于其早期隶属于槲寄生属，且形态上类似，故常把油杉寄生属植物俗称为矮槲寄生。

最早是通过判别其生活史来对矮槲寄生进行分类的。Gill（1935）在对美国矮槲寄生进行分类时，阐述了花期对于分类的价值，并且依据寄主种类，对 *A. campylopodum* 和 *A. vaginatum* 的分类情况进行了详细描述。Danser（1950）提出的以生活史为依据的分类方法，为这些器官减少的、具有寄生特性和复杂生活史的植物提供了一套有效的分类模型。以此为基础，形态学、生理学、生物化学依据逐渐地被运用到油杉寄生属的分类中来。

Hawksworth 等（1972）对矮槲寄生的生物学和分类学进行了广泛而又系统的阐述，提出了以形态学（包括芽、花、果实的性状和颜色），花粉特征，开花和种子传播物候期，寄主与寄生物的互作，染色体特征以及寄生芽色素的色谱分析等特征为依据的系统分类学，并在 1984 年进行了修订，其中共记载了 46 个分类群的地理分布及寄主范围（Hawksworth *et al.*，1984）。

Hawksworth 等（1996）在系统性研究了油杉寄生属植物的生物学、病理学和系统分类学的基础上，重新整理和记述了本属以形态学为依据的分类情况。本属有 42 个种 8 个亚种 2 个专化型，被分在 2 个亚属中。其中 *Arceuthobium* 亚属包含新大陆的 3 个种和旧大陆的 8 个种；*Vaginata* 亚属包含新大陆 31 个种，又被分为 2 个组，*Vaginata* 组包含 8 个种 4 个亚种，*Campylopoda* 组包含 23 个种 2 个亚种2个专化型（表1-1）。从地理分布上看，油杉寄生属植物广泛分布在北半球，旧大陆的8种分布区从西班牙、摩洛哥一直到中国西南部喜马拉雅山脉，还有少数边远种类分布在亚速尔群岛和东非；新大陆的34种集中分布在美国、加拿大和墨西哥。

表1-1　以形态学、生理学和物候学为依据的油杉寄生属分类
（改编自 Hawksworth *et al*., 1996）

*Arceuthobium*亚属		
	新大陆种类	
	1	*A. abietis-religiosae* Heil
	2	*A. americanum* Nutt. ex Engelm.
	3	*A. verticilliflorum* Engelm.
	旧大陆种类	
	4	*A. azoricum* Hawksw. & Wiens
	5	*A. chinense* Lecomte
	6	*A. juniperi-procerae* Chiovenda
	7	*A. minutissimum* J. D. Hooker
	8	*A. oxycedri*（DC.）M. Bieb.
	9	*A. pini* Hawksw. & Wiens
	10	*A. sichuanense*（H. S. Kiu）Hawksw. & Wiens
	11	*A. tibetense* H. S. Kiu & W. Ren
Vaginata 亚属		
	*Vaginata*组	
	12a	*A. aureum* Hawksw. & Wiens subsp. *aureum*
	12b	*A. aureum* Hawksw. & Wiens subsp. *petersonii* Hawksw. & Wiens
	13	*A. durangense*（Hawksw. & Wiens）Hawksw. & Wiens
	14	*A. gillii* Hawksw. & Wiens
	15a	*A. globosum* Hawksw. & Wiens subsp. *globosum*
	15b	*A. globosum* Hawksw. & Wiens subsp. *grandicaule* Hawksw. & Wiens
	16	*A. hawksworthii* Wiens & C. G. Shaw Ⅲ
	17	*A. nigrum*（Hawksw. & Wiens）Hawksw. & Wiens
	18a	*A. vaginatum*（Willd.）Presl subsp. *vaginatum*
	18b	*A. vaginatum*（Willd.）Presl subsp. *cryptopodum*（Engelm.）Hawksw. & Wiens
	19	*A. yecorense* Hawksw. & Wiens

（续表）

Vaginata 亚属		
	*Campylopoda*组	
	20a	A. abietinum Engelm. ex Munz f. sp. concoloris
	20b	A. abietinum Engelm. ex Munz f. sp. magnificae
	21	A. apachecum Hawksw. & Wiens
	22	A. blumeri A. Nelson
	23	A. californicum Hawksw. & Wiens
	24	A. campylopodum Engelm.
	25	A. cyanocarpum（A. Nelson ex Rydberg）Coulter & Nelson
	26	A. divaricatum Engelm.
	27	A. guatemalense Hawksw. & Wiens
	28	A. laricis（Piper）St.John
	29	A. littorum Hawksw.，Wiens & Nickrent
	30	A. microcarpum（Engelm.）Hawksw. & Wiens
	31	A. monticola Hawksw.，Wiens & Nickrent
	32	A. occidentale Engelm.
	33	A. pendens Hawksw. & Wiens
	34	A. siskiyouense Hawksw.，Wiens & Nickrent
	35a	A. tsugense（Rosendahl）G.N.Jones subsp. tsugense
	35b	A. tsugense（Rosendahl）G.N.Jones subsp. mertensianae Hawksw. & Nickrent
	36	A. bicarinatum Urban
	37	A. hondurense Hawksw. & Wiens
	38	A. oaxacanum Hawksw. & Wiens
	39	A. rubrum Hawksw. & Wiens
	40	A. strictum Hawksw. & Wiens
	41	A. douglasii Engelm
	42	A. pusillum Peck

1.3.2 分子系统学分类

Nickrent（1986，1990）对美国和墨西哥的 24 个矮槲寄生类群的同工酶分析结果，支持了 Hawksworth 等（1984）对于油杉寄生属两个亚属的分类，即 *Arceuthobium* 亚属具有轮生的二叉分支，而 *Vaginata* 亚属的二叉分支是扇形的，并且在 *Vaginata* 亚属 *Campylopoda* 组大部分来自美国，而 *Vaginata* 组则主要来自墨西哥。此后 Nickrent 等（2004）提取了油杉寄生属所有 42 个种的基因组 DNA，获得了所有种类的 ITS rDNA 序列，以及新大陆 34 个种的叶绿体 *trnT–L–F* 区基因序列，并且通过测序构建了分子系统发育图谱，合并对比两个基因序列的系统发育树，将 42 个种类重新分类为 26 个，并减去了亚种、专化型的分类单元。依据系统发育学进行分类的油杉寄生属依然具有 2 个亚属，26 个种依据系统发育树分支情况被分成 11 个组（表 1–2）。

目前，国内关于油杉寄生属的分类，主要是依据雄花萼片数、雄花直径、植株高度、主茎基部粗度、果实形状以及寄主，分成了油杉寄生 *A. chinense*、圆柏寄生 *A. oxycedri*、高山松寄生 *A. pini*、冷杉寄生 *A. tibetense* 和云杉寄生 *A. sichuanense*。高山松寄生 *A. pini* 最早被认为属于油杉寄生 *A. chinense*，由于其寄生于松属植物上且植株较大，1970 年 Hawksworth 等将高山松寄生分离出来单独成种。1982 年丘华兴和任玮在西藏发现了油杉寄生属的新种冷杉寄生 *A. tibetense*。云杉寄生 *A.sichuanense* 在 1993 年之前被认为是高山松寄生 *A. pini* 的一个变种，但因为其寄主与高山松寄生的寄主不同，且分布区不重叠，故 Hawksworth 在 1993 年将云杉寄生的分类地位从变种提升到种的水平（Kiu，1984a；Kiu，1984b；Hawksworth *et al.*，1993）。根据系统发育学分类，将圆柏寄生和冷杉寄生划分到 *Arceuthobium* 亚属 *Arceuthobium* 组中，油杉寄生、高山松寄生、云杉寄生划分到 *Arceuthobium* 亚属 *Chinense* 组（Nickrent *et al.*，2004）。

表 1-2　油杉寄生属的系统发育学分类（改编自 Nickrent *et al.*，2004）

Arceuthobium 亚属		
Arceuthobium 组		
	1. *A. juniperi-procerae*	
	2. *A. oxycedri*	
	3. *A. tibetense*	
Chinense 组		
	4. *A. chinense*	
	5. *A. minutissimum*	
	6. *A. pini*	
	7. *A. sichuanense*	
Azorica 组		
	8. *A. azoricum*	
Vaginata 亚属		
Americana 组		
	9. *A. abietis-religiosae*	
	10. *A. americanum*	
	11. *A. verticilliflorum*	
Penda 组		
	12. *A. guatemalense*	
	13. *A. pendens*	
Globosa 组		
	14. *A. globosum*	合并：*A. globosum* subsp. *grandicaule*，*A. aureum* subsp. *aureum*，*A. aureum* subsp. *petersonii*
Pusilla 组		
	15. *A. bicarinatum*	
	16. *A. pusillum*	
Rubra 组		
	17. *A. gillii*	合并：*A. nigrum*
	18. *A. rubrum*	合并：*A. oaxacanum*
	19. *A. yecorense*	
Vaginata 组		
	20. *A. hondurense*	合并：*A. hawksworthii*
	21. *A. strictum*	
	22. *A. vaginatum*	合并：*A. vaginatum* subsp. *cryptopodum*，*A. durangense*
Minuta 组		
	23. *A. divaricatum*	
	24. *A. douglasii*	
Campylopoda 组		
	25. *A. blumeri*	
	26. *A. campylopodum*	合并：*A. abietinum*，*A. apachecum*，*A. californicum*，*A. cyanocarpum*，*A. laricis*，*A. littorum*，*A. microcarpum*，*A. monticola*，*A. occidentale*，*A. siskiyouense*，*A. tsugense*

第 2 章

中国的矮槲寄生

油杉寄生属 *Arceuthobium* 植物为寄生性亚灌木或矮小草本，0.5~70cm 高，寄生于松科 Pinaceae 和柏科 Cupressaceae 植物上。植株光滑，颜色变化多样，从绿色到金黄色，还有橙色、红色或者黑色等。雌雄异株。植物茎、枝圆柱状，具明显的节，枝对生或轮生。叶对生，退化呈鳞片状，鞘状成对合生。花单性，小，交叉对生于叶腋或单朵，稀数朵顶生，花梗短或几无；副萼无；花被萼片状；雄花：萼片通常 3~4 枚，稀 2~7 枚；雄蕊与萼片等数，贴生于萼片中部，花丝缺，花药近圆形，1 室，横裂；花盘小；雌花：花托陀螺状；花萼管短，顶部 2 浅裂；子房 1 室，特立中央胎座，花柱短，柱头钝。浆果椭圆状或卵球形，下半部平滑，上半部为宿萼包围，中果皮具粘胶质，成熟时在基部环状弹裂；果梗短，稍弯。种子 1 粒，3~5mm 长，无真正的珠被，通常卵状披针形，包含 1 个（稀 2 个）处于种子末端的圆柱形的胚，胚乳丰富。

《中国植物志（英文修订版）》（2013）提到油杉寄生属在全世界共约 45 种，分布于北美洲，非洲北部，欧洲南部，亚洲的西亚、中亚至中国西南部，中国产 5 种，其中特有 3 种。本属的大部分植物侵染寄主后会产生"扫帚丛枝（witches' brooms）"，导致寄主生长量下降，甚至死亡。

中国油杉寄生属分种检索表
改编自《中国植物志（英文修订版）》（2013）

1a. 雄花的萼片 4 枚，直径 1.5mm；果实卵圆形，4~6mm；寄主为云南油杉和丽江云杉 ·············· 油杉寄生 *A. chinense*

1b. 雄花的萼片通常 3 枚，稀 4 枚，直径 1~2cm；果实椭球形，2~4mm；寄主为刺柏属、冷杉属、云杉属和松属。

2a. 寄主为柏科（刺柏属）植物；植株高 5~16cm；雄花直径 2~2.5mm………
………………………………………………………… 圆柏寄生 A. oxycedri

2b. 寄主为松科植物（冷杉属、云杉属、松属）；植株高 2~10cm；雄花直径
1.5~2.5mm。

 3a. 植株高 5~15（~20）cm；侧枝长于 1cm；雄花直径 2~2.5mm，萼片
  1~1.5mm；寄主为高山松、云南松和乔松 ……… 高山松寄生 A. pini

 3b. 植株通常高不及 6cm；侧枝长不及 1cm；雄花直径 1.5~2mm；寄主
  为云杉属或冷杉属。

  4a. 寄主为云杉属植物；植株高 2~6cm；雄花萼片卵形，直径 1mm…
  ………………………………………………… 云杉寄生 A. sichuanense

  4b. 寄主为冷杉属植物，植株高 0.5~4cm；雄花萼片近似三角形，直
   径 1.2mm ………………………………………… 冷杉寄生 A. tibetense

应用案例汇总方法，对我国 20 世纪 70 年代至今分散记载于科技文献、地方志、林业档案和政府公告四种资料中有关矮槲寄生的信息进行检索，对国内矮槲寄生的报道情况进行了初步整理（表 2-1）。

表 2-1　中国矮槲寄生种类、特征及分布

矮槲寄生种类	植株高度（cm）	寄主	海拔（m）（中国）	分布区	参考文献
油杉寄生 A. chinense	2~8（~12）	云南油杉 Keteleeria evelyniana 川西云杉 Picea likiangensis	1500~3600	四川	Hawksworth，1972；中国科学院植物研究所，1982；云南省植物研究所，1983；Wu，2003
				云南	Hawksworth，1972；中国科学院植物研究所，1982；云南省植物研究所，1983；童俊等，1983；Wu，2003
圆柏寄生 A. oxycedri	5~16	大果圆柏 Juniperus tibetica 滇藏方枝柏 J. wallichiana	3000~4100	西藏	Hawksworth 1972；中国科学院植物研究所，1982；Wu，2003
冷杉寄生 A. tibetense	0.5~4	川滇冷杉 Abies forrestii 长苞冷杉 A. georgei	3200~3400	西藏	丘华兴，1982；Wu，2003

（续表）

矮槲寄生种类	植株高度（cm）	寄主	海拔（m）（中国）	分布区	参考文献
高山松寄生 *A. pini*	5~15（~20）	高山松 *Pinus densata* 乔松 *P. griffithii* 云南松 *P. yunnanensis*	2600~3500（~4000）	云南	Hawksworth，1970；中国科学院植物研究所，1982；云南省植物研究所，1983；Wu，2003
				四川	Hawksworth 1970；中国科学院植物研究所，1982；云南省植物研究所，1983；Wu，2003
				西藏	Hawksworth 1970；中国科学院植物研究所，1982；云南省植物研究所，1983；Wu，2003
云杉寄生 *A. sichuanense*	2~6	西藏云杉 *P. spinulosa* 青海云杉 *P. crassifolia* 紫果云杉 *P. purpurea*	2300~4100	四川	丘华兴，1984；Wu，2003
				西藏	丘华兴，1984；Wu，2003
				青海	马建海，2007；周在豹，2007；李涛，2010；夏博，2011；Wu，2003
		油松 *Pinus tabuliformis*		青海	Ma QJ（马青江），2019

中国 5 个油杉寄生属植物地理分布的案例信息统计结果（图 2-1，附图 2）显示，云杉矮槲寄生 *A. sichuanense* 和油杉矮槲寄生 *A. chinese* 所占比例最大，分别是 45% 和 30%，其中以云杉矮槲寄生分布范围最广，对云杉林森林生态系统造成的威胁最大。从发生地点的位置信息统计结果（图 2-1）与案例报道时间信息（表 2-1）结合来看，在 20 世纪 70 年代中国西南地区首先发现和报道了大量

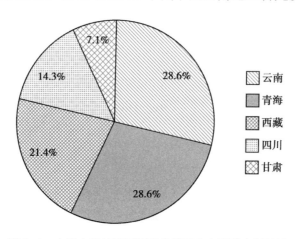

图 2-1　中国大陆地区矮槲寄生地理分布报道案例统计

的油杉寄生属植物。而在 21 世纪初的十年间，西北地区的青海省出现了矮槲寄生发生的集中报道，其中超过 50% 的案例出现在被云杉矮槲寄生侵染的云杉林，主要的受害树种有青海云杉、川西云杉、紫果云杉、西藏云杉、青杆，其中川西云杉、青海云杉等云杉属植物是报道最多的受害种群。

2.1　油杉矮槲寄生

油杉寄生 *Arceuthobium chinense*，即油杉矮槲寄生（Keteleeria Dwarf Mistletoe）。植株高 2~8（~12）cm，枝条黄绿色或绿色；主茎的节间长 3~7（~10）mm，粗 1~2mm；侧枝交叉对生，稀 3~4（~6）条轮生，通常长不及 1cm。叶呈鳞片状，长约 0.5mm。花单朵腋生或顶生；雄花：花蕾时近球形，长约 1mm，黄色，基部具杯状苞片，开花时直径约 2mm，萼片 4 枚，近三角形，长约 1.5mm；花药圆形，直径约 0.5mm；雌花：近球形，浅绿色，长约 1mm，花萼管长约 0.8mm；花柱红色。果卵球形，长 4~6mm，直径 3~4mm，上半部为宿萼包围，下半部平滑，粉绿色或绿黄色；果梗长 1~1.5mm。

2.1.1　物　候

花期 7~11 月，9 月中旬至 10 月中旬达盛花期，果期翌年 10~11 月，果实成熟期通常 11~12 月（Kiu，1984a；童俊等，1983）。

本种的植株通常开 2~3 期花后枯萎，但侵入树枝内的"吸器"可沿寄主的枝条延伸，并不断萌生出新的植株，当寄主出现疯枝时，在疯枝上密集生长。雄株的侧枝，有时对生，有时单出。

2.1.2　寄主和分布

产于青海、四川西南部、云南西北部和中部，海拔 1500~3600m 山地针叶林或混交林中，寄生于云南油杉、丽江云杉上。Lecomte 在 1915 年发表的文章中最早将其寄主描述为冷杉属 *Abies* 植物，Kiu（1984a）认为寄主被错误鉴定。

2.1.3　讨　论

油杉矮槲寄生在云南油杉的纯林和混交林中均造成严重的危害。受害的 20~100 年生大树，常出现丛生疯枝，当寄主的大部分侧枝上被油杉矮槲寄生侵染时，可致死亡。Handel-Mazzetti（1929）报道称云南省油杉幼林完全被该寄生害破坏，明显形成扫帚丛枝，3~5 年生的幼树若受侵害，数年后枯死。

2.2　圆柏矮槲寄生

圆柏寄生 *Arceuthobium oxycedri*，即圆柏矮槲寄生（Juniper Dwarf Mistletoe）。亚灌木，高 5~16cm，枝条黄绿色；主茎的节间长 10~15mm，粗 1.5~5mm；侧枝交叉对生，稀 3~4（~6）条轮生。叶呈鳞片状，长约 1mm。雄花：单朵或 2~3 朵生于短侧枝顶部，黄绿色，花蕾时卵球形，长 1~1.5mm，开花时直径 2~2.5mm，萼片 3 枚，有时 4 枚，长卵形，长 1~1.4mm；花药圆形，直径约 0.5mm；雌花：单朵生于短侧枝的腋部或顶部，椭圆状，长约 1mm。幼果椭圆状，长 2~3mm，直径约 1.5mm，上半部为宿萼包围，下半部平滑；果梗长约 1mm。

2.2.1　物　候

花期 8~9 月（国外记载大多集中在 9~10 月），果期翌年 9~11 月，种子弹射时间在 10~11 月，果成熟期约 13 个月。

2.2.2　寄主和分布

产于中国青海、西藏海拔 3000~4100m 的山坡针叶林中，也分布于克里米亚半岛、美国等地。寄主包括大果圆柏 *J. tibetica*、滇藏方枝柏 *J. wallichiana* 和刺柏 *J. oxycedrus* 等刺柏属 *Juniperus*、柏属 *Cupressus* 和侧柏属 *Platycladus*，约 23 个种类。

2.2.3　讨　论

圆柏寄生是油杉寄生属内地理分布最广泛的一个种。它的分布从中国西南横跨地中海地区到西班牙，距离超过 10000km。

2.3　高山松矮槲寄生

高山松寄生 *Arceuthobium pini*，即高山松矮槲寄生（Alpine Dwarf Mistletoe）。亚灌木，高 5~15（~20）cm，枝条黄绿色或绿色；主茎的节间长 5~15mm，粗 1.5~2.5mm；侧枝交叉对生，稀 3~4 条轮生，具多级分枝。叶呈鳞片状，长 0.5~1mm。雄花：1~2 朵生于短侧枝顶部，黄色，基部具杯状苞片，花蕾时近球形，长约 1mm，开花时直径 2~2.5mm，萼片 3 枚，稀 4 枚，卵形或椭圆形，长 1~1.5mm；花药圆形，直径约 0.5mm；花梗长 0.5mm；雌花：单朵生于短侧枝的腋部或顶部，卵球形，浅绿色，长约 1mm，花萼管长约 0.5mm；果椭圆状，长 3~3.5mm，直径 2~2.5mm，上半部为宿萼包围，下半部平滑，黄绿色，果梗长 1.5~2mm。

本种的茎有时呈二叉状分枝，侧枝通常长 4~12cm，具多级分枝。雄株在短侧枝顶部形成雄花，雌株的末级分枝的顶部和其下 1~3 节的鳞片叶腋均可形成雌花。

2.3.1　物　候

花期 4~7 月，果期翌年 9~10 月，果实成熟期大约 16 个月。

2.3.2　寄主和分布

据原始记载本种的寄主为油松，在模式标本采集地云南丽江经过实地调查，确认其寄主应该是高山松 *Pinus densata*、云南松 *P. yunnanensis* 和乔松 *P. griffithii*，而不是油松。分布于西藏东部、云南西北部、四川西南部海拔 2600~3500（~4000）m 的山地松林或高山松 – 栎属混交林中（Kiu，1984b）。

2.3.3　讨　论

高山松矮槲寄生是中国特有种，受害寄主枝条畸变成纺锤形扫帚丛枝，丛枝上萌发出大量的寄生植株。危害高山松，导致树势衰弱。本种以前被鉴定为油杉矮槲寄生，但是高山松矮槲寄生的植株（10~20cm）明显大于油杉寄生植株（3~5cm），且寄主为松属植物，而油杉矮槲寄生的寄主为油杉属植物。

2.4　冷杉矮槲寄生

冷杉寄生 *Arceuthobium tibetense*，即冷杉矮槲寄生（Tibetan Dwarf Mistletoe），也可称为西藏矮槲寄生。亚灌木，高 0.5~4cm，枝条黄绿色或绿色；主茎的节间长 2.5~6mm，粗 1.5mm；侧枝交叉对生，具多级分枝。叶呈鳞片状，长约 1mm。花单朵顶生或腋生；雄花：花蕾时近球形，黄色，开花时直径 2mm，萼片 3 枚，稀 4 枚，近三角形，长约 1.2mm；花药圆形，直径约 0.5mm；雌花：近球形，长约 1mm。幼果椭圆状，长约 2.5mm，直径 1.5mm，上半部为宿萼包围，下半部平滑，粉绿色；果梗长约 1mm。

2.4.1　物　候

花期 5~6 月，果期翌年 7~8 月，果实成熟期 14 个月。

2.4.2　寄主和分布

产于西藏米林、林芝地区海拔 3200~3400m 的山地冷杉林或云冷杉林中，于川滇冷杉（*Abies forrestii*）和长苞冷杉（*A. georgei*）上常见。

2.4.3　讨　论

冷杉矮槲寄生是中国特有种，由丘华兴等（1982）在整理 1981 年云南林学院西藏考察队采集的标本时发现并发表。其植株矮小并且专一寄生在冷杉属植物上，造成系统性扫帚丛枝。在米林地区的长苞冷杉林中，冷杉矮槲寄生危害十分严重，林区三分之二的树上均有发生。另外，作者在整理和翻译国外矮槲寄生资料时发现，国外文献称冷杉寄生 *A. tibetense* 为 Tibetan Dwarf Mistletoe，以区别于分布在美国、墨西哥的 *A. abietinum*（Fir Dwarf Mistletoe）。

2.5　云杉矮槲寄生

云杉寄生 *Arceuthobium sichuanense*，即云杉矮槲寄生（Sichuan Dwarf Mistletoe），也称四川矮槲寄生。植株较矮小，高 2~6cm，枝条黄绿色或绿色；主茎基部粗 1~1.5mm。花单朵顶生或腋生；雄花：花蕾时近球形，长约 1mm，开花时直径 1.5~2mm，萼片 3 枚。果椭圆状，长 3~4mm，直径 1.5~2mm，黄绿色；果梗长 1~1.5mm。

2.5.1　物　候

5 月下旬始花，6~7 月盛期，7 月初出现果实，8 月末至 9 月初果实成熟脱落，种子弹射出去，果实成熟期约 14 个月。

2.5.2　寄主和分布

产于中国青海、西藏、四川、甘肃等地区海拔 2800~4100m 的针叶林中。早期报道其寄主有川西云杉（*Picea likiangensis* var. *balfouriana*）和西藏云杉（*P. spinulosa*），后发现广泛寄生于青海云杉（*P. crassifolia*）和紫果云杉（*P. purpurea*）。

2.5.3　讨　论

云杉矮槲寄生是中国特有种，最初被认为是高山松矮槲寄生的一个变种，由于云杉矮槲寄生的植株（2~6cm）比高山松矮槲寄生的植株小（5~22cm），还具有明显的寄主差异（云杉属与松属），Hawksworth 等（1993）将其定为种。云杉矮槲寄生是油杉寄生属中有记载分布海拔最高的一个种（4200m）。

根据作者的实地考察，除发现青海云杉 P. crassifolia 和紫果云杉 P. purpurea 是云杉矮槲寄生的寄主之外，在青海省北山林区发现青杆 Picea wilsonii 被云杉矮槲寄生侵染，同时在青杆和油松混交林中发现油松 Pinus tabuliformis 上有云杉矮槲寄生植株（附图 3）（Ma et al.，2019）。

明确寄生植物整个生长发育过程中的转录谱，可以更为方便地明确和了解云杉矮槲寄生的寄生机制和形态学变化背后的分子学机理。作者利用 RNA 测序技术，对云杉矮槲寄生芽、花、果实和种子四个生长阶段的转录谱情况进行了分析，比较不同生长阶段的基因表达差异（Wang et al.，2016b）。结果发现，在云杉寄生的生殖生长（花、果实和种子）阶段分别有 912 个上调表达的功能基因和 172 个下调表达的功能基因。实际上高通量测序的结果获得了 226687 个功能基因序列，而超过 101075 个功能基因是在 BLAST 中被注释过的，涉及生物学过程、分子功能和细胞合成等，例如对云杉矮槲寄生有关组织特异性的转录谱进行功能性分析发现，在果实和种子形成过程中，转运蛋白、蛋白激酶和转录元件的表达显著；在花期有关于黄酮醇合成途径相关 7 个次级代谢功能基因显著表达。对云杉矮槲寄生基因组的转录谱绘制及功能基因分析，为今后进一步研究矮槲寄生的生长发育过程和机理提供了依据。

2.6 云杉矮槲寄生的分布

云杉矮槲寄生在中国的分布主要集中在西部地区，据文献记载，西藏（比如、亚东）和四川（稻城、黑水、德格、道孚）发现有云杉矮槲寄生的分布（丘华兴，1984）。在青海（黄南、海北、玉树、果洛）天然林区的发生面积约 1.3 万 hm²（马建海，2007），寄生率超过 30%。近年来作者在甘肃、西藏昌都等地也发现有云杉矮槲寄生分布。

作者基于云杉矮槲寄生在中国的分布资料（图 2-2），采用 GARP 和 MaxEnt 两种生态位模型，结合其寄主云杉属植物的分布范围，对云杉矮槲寄生的适生区及其在中国的潜在分布进行了模拟分析。

2.6.1 云杉矮槲寄生的分布区与环境的关系

气候因素（尤其是物种特异性的温度阈值和降水阈值）是影响物种分布的主

图 2-2　云杉矮槲寄生的分布点

要决定因素。通过 GARP 模型进行分析发现，年温差对云杉矮槲寄生的分布影响最为显著（表 2-2），其次为昼夜温差与年温差比值、海拔、极端最低温、最冷季降水量、最冷季平均温度、最热季平均温度、昼夜温差月均值、温度季节变动系数、最干月降水量、降水量季节性变动系数、极端最高温、年平均气温和最湿月降水量。通过 MaxEnt 模型进行分析发现，海拔是影响云杉矮槲寄生分布的最主要环境因子（附图 4），其次为极端最高温、最热季均温以及最湿季平均温度。

温度是影响云杉矮槲寄生分布的关键因素，可能是由于云杉矮槲寄生种子活力的保持和萌发需要严格的温度阈值。通常矮槲寄生从种子弹射到寄生关系建立需要 12~20 个月，这段时间矮槲寄生种子的萌发和生命活力的维持完全依赖于胚乳储存的营养，整个过程进行的是呼吸作用，温度对其有重要影响。Scharpf（1970）的研究也有一致性的结论，即温度是影响矮槲寄生种子萌发的重要因素，而空气相对湿度与种子含水量对矮槲寄生种子的活力并没有明显的影响。

海拔也是影响云杉矮槲寄生分布的因素。一方面，矮槲寄生的种子萌发需要一定的温度阈值，由于海拔上升导致温度下降，从而影响其分布。另一方面，寄

表 2-2　GARP 预测模型中环境变量的筛选（张超等，2016）

编号	数据简称	环境变量	遗漏误差（%）	是否采用
1	bio_1	年平均气温	6.49	+
2	bio_2	昼夜温差月均值	6.89	+
3	bio_3	昼夜温差与年温差比值	7.64	+
4	bio_4	温度季节性变动系数	6.89	+
5	bio_5	极端最高温	6.53	+
6	bio_6	极端最低温	7.21	+
7	bio_7	年温差	7.80	+
8	bio_8	最湿季平均温度	6.06	−
9	bio_9	最干季平均温度	6.31	−
10	bio_10	最热季平均温度	7.08	+
11	bio_11	最冷季平均温度	7.14	+
12	bio_12	多年平均降水量	6.30	
13	bio_13	最湿月降水量	6.44	+
14	bio_14	最干月降水量	6.67	+
15	bio_15	降水量季节性变动系数	6.58	+
16	bio_16	最湿季降水量	5.42	
17	bio_17	最干季降水量	6.17	−
18	bio_18	最热季降水量	6.19	
19	bio_19	最冷季降水量	7.21	+
20	Alt	海拔	7.24	+
21	Asp	坡向	5.91	−
22	Slo	坡度	6.36	−

注：+ 和 − 代表是否采用，+ 代表采用，− 代表不采用。

主的分布影响矮槲寄生的分布，云杉矮槲寄生是专性寄生植物，已有的研究表明，其主要寄主云杉属植物的分布受到生长季节温度等气候因子影响（李贺等，2012），海拔对温度的改变是显著的，因此自然状态下，云杉天然分布的地区才会有云杉矮槲寄生分布。可以认为温度对矮槲寄生及其寄主有着共同的影响，也可以认为这是矮槲寄生为适应寄主做出的改变响应。

2.6.2 云杉矮槲寄生在中国的适生区预测

通过采用 GARP 与 MaxEnt 模型相结合的预测方法，分析云杉矮槲寄生的分布区域发现，云杉矮槲寄生主要分布在青海、甘肃、四川和西藏 4 个省区，预测面积分别为 $13.39 \times 10^4 km^2$、$15.74 \times 10^4 km^2$、$24.37 \times 10^4 km^2$ 和 $16.78 \times 10^4 km^2$，分别占各省总面积的 18.54%、34.70%、50.14% 和 13.66%。在云南和宁夏也有零星分布，预测面积分别为 $2.88 \times 10^4 km^2$ 和 $2.10 \times 10^4 km^2$。其中云杉矮槲寄生的极高适宜分布区位于青海、甘肃、四川的交界地区。其中青海省面积最大，其次为甘肃和四川，预测面积分别为 $2.72 \times 10^4 km^2$、$2.39 \times 10^4 km^2$ 和 $1.81 \times 10^4 km^2$；高适宜分布区广泛分布于极高适宜分布区的外缘，位于青海省中东部、甘肃西部和南部、四川西部和北部以及西藏东部地区，面积分别为 $7.08 \times 10^4 km^2$、$6.16 \times 10^4 km^2$、$10.44 \times 10^4 km^2$、$9.13 \times 10^4 km^2$；中适宜分布区主要位于四川中部、云南西北部以及宁夏南部零星地区（附图 5，图 2-3）。

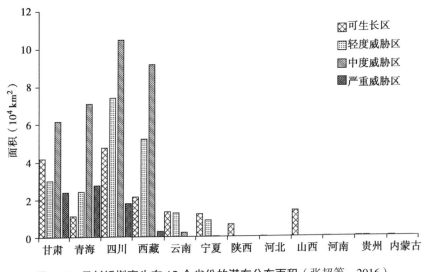

图 2-3 云杉矮槲寄生在 12 个省份的潜在分布面积（张超等，2016）

2.6.3 云杉矮槲寄生的适生区动态变化

将云杉矮槲寄生位点数据与 1961~2000 年的月平均气温和降水格点数据相拟合，作者对中国云杉矮槲寄生的适生区动态变化进行了研究。1961~1999 年每隔 10 年的适生区分布图可以看出（附图 6），云杉矮槲寄生的适生区中心位于我国西部的青海、甘肃、四川交界地带，西藏和云南北部也是适生范围。随着时间的推移，适生区逐渐向西向南移动趋势明显，尤其在 1979~1999 年沿喜马拉雅山脉、祁连山脉的扩张趋势较为显著。

1961~1999 年整体适生区面积呈上升态势，总体逐年累计增长面积为 $13.58 \times 10^4 km^2$。低适宜分布区面积累年增长了 $3.73 \times 10^4 km^2$；中度适宜分布区面积累年增长为 $9.58 \times 10^4 km^2$，高适宜分布区面积累年增长了 $2.7 \times 10^3 km^2$（图 2-4）。

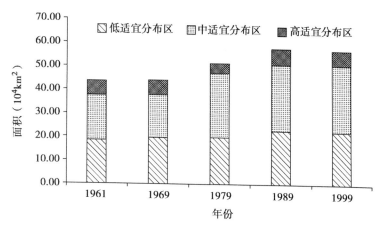

图 2-4　云杉矮槲寄生各年份适生区面积（张超，2016）

我国云杉天然林主要生长在常年温度较低的中高海拔地区，这些地区常年平均气温为 3.38℃，极端最高温也处于较低水平 14.78℃（李贺等，2012）。中国地势西高东低，由于全球气候变暖，推测云杉的最适生长环境最终会不断向高海拔地区迁移，因此云杉矮槲寄生的适生区也极可能会随着寄主迁移。

第 3 章

矮槲寄生的遗传学研究

3.1 寄生植物的遗传多样性研究

遗传多样性是生物多样性的重要组成部分。基于每个生物单元特有的基因库与遗传信息而构建出的物种水平遗传多样性，是生物进化与自我更新的推动引擎。对于寄生植物而言，高度的寄主依赖性以及自身独有的生活史特点，使其遗传变异更加具有指向性和特殊性。比如全寄生植物不进行光合作用，半寄生植物虽然有叶绿素但光合作用能力较弱，这类现象与光合作用相关基因（如 *psb*、*rpo*、*atp*、*ndh* 等基因）的缺失具有重要联系（Wolfe *et al.*，1992；Mcneal *et al.*，2007；Delannoy *et al.*，2011）。这在列当科 Orobanchaceae、兰科 Orchidaceae、旋花科 Convolvulaceae 中普遍存在。

目前对寄生植物的遗传结构及多样性研究以第二代及第三代分子标记技术为基础，主要是对全基因组信息及叶绿体单倍型进行分析。Jerome 等（2002）采用 AFLP 分子标记方法对 *A. americanum* 的群体遗传结构进行研究，发现其种内具有明显的遗传分化。由于长期受到寄主选择压力的影响，使得 *A. americanum* 分化成了 3 个生理小种，同时地理隔离、气候、花粉传播、次要寄主也对其遗传结构的形成起到了一定作用。Vega 等（2008）同样利用 AFLP 技术，首次对寄生性植物簇花草属 *Cytinus* 5 个小种的形成进行研究，发现寄主的选择压力是影响其遗传分化的重要因素。

谱系地理学的发展也为寄生植物的进化研究开辟了新的思路。Zuber 等（2000）将核基因 ITS 和叶绿体基因 *trn*L–*trn*F、*trn*H–*trn*K、*trn*S–*trn*M 结合，用于研究槲寄生属 *Visum album* 是否存在寄主专一性及遗传分化。通过分析核基因和叶绿体基因的变异情况，可以根据寄主种类将槲寄生 *V. album* 分为 *V. a. album*、*V. a.*

abietis、*V. a.austriacum* 三个谱系，其中 *V. a. album* 和 *V. a. abietis* 亲缘关系更为接近，并且可能存在杂交。通过进一步分析槲寄生 *V. album* 叶绿体基因 *trn*C–*trn*D、*trn*H–*trn*K、ccmp4 的多态性，发现种内存在着高度的遗传分化。由于一种槲寄生能寄生多种寄主，在冰期及之后的扩散中槲寄生可以在亲缘关系相近的寄主上转换生存，因此槲寄生的冰期避难所和冰后期迁移路线大致与其寄主的一样。这很有可能揭示出自然分布在欧洲范围内的槲寄生的冰后期迁移历史（Zuber *et al.*，2009）。此外，García 等（2014）用单个 cpDNA 片段 *rbc*L 和核基因 LSU 对菟丝子属 *Cuscuta* 的系统发育、性状演化及生物地理格局的研究表明，杂交可能在菟丝子的进化中起到了关键作用，地理隔离和相邻区域的繁殖和传播对现有分布格局的形成产生了影响。

3.2　油杉寄生属的遗传学研究

　　油杉寄生属植物的基本染色体为 X=14（14 是现存最少的单倍体数量），而多倍体形式未知（Wiens，1968）。X=14 的基本染色体数量同样是其他一些新大陆槲寄生科植物（包括 *Dendrophthora*、*Phoradendron*、*Korthalsella*）的特征。很明确的是，油杉寄生属和槲寄生科其他属植物的染色体系统是功能性的二倍体（Wiens *et al.*，1971；Barlow，1983）。

　　由于是雌雄异株，因此矮槲寄生的遗传系统是二倍性的，有性生殖，异花授粉。营养生殖和无配子生殖不详（Player，1979），几乎没有出现过雌雄同株现象。事实上，非功能性的生殖结构在本属几乎不存在，或者已经退化，而双倍体将带来更多交叉互换和连锁，导致遗传变异性的水平较高。

　　油杉寄生属的高水平遗传变异性已被基于酶多态性的电泳试验所证实。研究发现在美国科罗拉多州的矮槲寄生 *A. vaginatum* subsp. *cryptopodum* 具有较高的多样性，而相应的其寄主 *Pinus ponderosa* 也具有较高的遗传多样性（Nickrent，1986；Linhart，1984；Hamrick *et al.*，1992；Hamrick *et al.*，1996）。对寄生植物来说，维持高水平的遗传变异性可能尤其重要，假如寄主种群由于基因重组产生新的基因型，那么矮槲寄生也需要以相似的变异反应来维持对寄主的适应性。这种情况在介壳虫的遗传上非常常见（Edmunds *et al.*，1978）。

　　在旧大陆和新大陆，松属 *Pinus*、冷杉属 *Abies* 和云杉属 *Picea* 都是油杉寄生属植物的寄主。然而，在新大陆和旧大陆均有分布的松科植物的 3 个属（落叶松属 *Larix*、黄杉属 *Pseudotsuga* 和铁杉属 *Tsuga*）只在新大陆发现受矮槲寄生侵染。分布在北极圈附近的刺柏属 *Juniperus* 植物可以被分布在旧大陆中的 3 种矮槲寄生侵染，而新大陆的矮槲寄生种类则完全不侵染刺柏类植物。在中国西南地区，油杉属 *Keteleeria* 也是矮槲寄生的寄主，被中国的特有种——油杉矮槲寄生所侵染。

油杉寄生属可能是所有槲寄生类植物中分化程度最高的。在油杉寄生属内，不同的种明显表现出不同程度的寄主特异性，以及形态学和生理学差异。就北美地区而言，由于大多数的针叶树种类都已经存在被矮槲寄生侵染的现象，可以认为矮槲寄生最基本的适应性分布已经形成，因此进化可能更倾向于朝着专化型的方向发展。寄主的顶级群落可能被一些最古老的矮槲寄生所侵染，随着寄主顶级群落生态位被占据，迫使矮槲寄生去侵染一些处于先锋种群或中间种群生态位的寄主群落。因此，衍生特征相对较多（包括形成系统性侵染）的一些矮槲寄生种类更倾向于侵染一些占据中间生态位的寄主群落（例如 *A.americanum* 侵染 *Pinus contorta*，*A. douglasii* 侵染 *Pseudotsuga menziesii*）。

自然杂交与多倍性是维管植物进化的两个最关键因素（Grant，1981）。这两个特征在几乎所有维管植物中都非常普遍。但在油杉寄生属植物中，至今为止没有发现多倍体现象。不仅如此，根据 Hawksworth 等（1996）的记载，矮槲寄生的自然杂交情况也是几乎不存在的，并且人工将 *A. apachecum* 作为父本与 *A. blumeri* 进行杂交，也不能成功产生种子。

杂交缺失的现象在桑寄生科和槲寄生科植物中是非常显著的（Barlow *et al.*，1971；Wiens *et al.*，1971）。也有一些特殊现象的报道，比如穗花桑寄生属 *Phoradendron* 的 *P. densum* 和 *P. juniperinum* 可以自然杂交，但其杂交产生的种子不能萌发（Wiens，1962；Vasek，1966；Wiens *et al.*，1972）。澳大利亚也报道过桑寄生科植物杂交的两个实例，但是这种罕见的现象几乎不具有进化意义（Bernhardt，1983）。最有可能的解释是，矮槲寄生以及其他槲寄生植物杂交的缺失，是因为强烈的种间隔离机制导致的，直观表现为同一区域的不同种类，其开花时间具有明显的区别（Wiens，1964；1968）。

缺乏适合杂合体生长的生境，是矮槲寄生杂交缺失的另一种可能原因。大多数的矮槲寄生都存在一种主要寄主，可能同时还拥有其他几个次要寄主种类。由于杂交种兼有了两个亲本物种的遗传特征，它们通常最适应处于两个亲本中间状态的生境。理论上讲，适合于杂合体生存的中间状态生境只能通过它们相应的寄主杂交产生，即所谓的"杂交生境"（Anderson，1948）。然而现实是，针叶树寄主杂交产生的种，其亲缘关系与亲本非常密切，导致在亲本树种上的矮槲寄生可以直接形成侵染。例如：在美国加利福尼亚，*A. campylopodum* 可以寄生在 *Pinus jeffreyi* × *P. ponderosa* 杂交种上；在加拿大阿尔伯塔省，*A. americanum* 可以

寄生在 *Pinus contorta* × *P. banksiana* 杂交种上。无论如何，自然杂交的缺失，极可能是矮槲寄生和其他槲寄生多倍性现象缺失的关键原因。

Hawksworth 等（1996）研究表明，油杉寄生属可能是在第三纪早期起源于亚洲，到中新世前期迁移到新大陆的。由于属内不存在自然杂合体或多倍体，使其进化起源的研究相对明确。其中新大陆松科上的矮槲寄生发生强烈的适应性扩张，北美西部是其多样性的中心。Linhart（1984）对矮槲寄生及其寄主的遗传变异进行研究，发现两者都有较高的遗传变异。不同物种群体间产生了相关联的遗传变异模式，表明寄主的基因重组产生出新的基因型，使矮槲寄生可能会随之作出相应的反应，以适应寄主的遗传变化。通常认为在第三纪，被子植物的进化要快于裸子植物（Leopold，1967），推测矮槲寄生的进化可能也比其寄主的进化要快。二倍体的繁育系统具有较高的重组和变异能力，理论上讲也为其更快的适应性进化提供了遗传基础。

Nickrent（1986）最初用同工酶确定矮槲寄生的种间关系，发现油杉寄生属具有高水平的遗传多样性，是双子叶植物平均遗传变异的两倍。这种高水平的遗传多样性来源于矮槲寄生广泛的地理分布、多年生的生长习性以及依靠风和昆虫传粉的专性远交繁殖系统。AFLP 分子标记分析显示，北美西部的 3 种矮槲寄生的遗传变异主要归因于种间的差异，遗传多样性和遗传结构的地域格局与地理隔离，对矮槲寄生分化的影响是一致的（Reif *et al.*，2015）。

3.3　云杉矮槲寄生的遗传多样性

3.3.1　云杉矮槲寄生的遗传多样性与结构

研究团队利用云杉矮槲寄生核基因信息，通过遗传多样性水平及遗传分化程度等指标对分布在中国青海、四川和甘肃省的云杉矮槲寄生群体的遗传多样性进行了研究（样本信息见表 3–1，表 3–2）。

表 3–1　云杉矮槲寄生样本信息（王野等，2017）

样本号	采样地代号	采集地	样本数	经纬度	海拔（m）	寄主
1~10	QMY	青海门源	10	101°59′~102°09′ E 37°10′~37°17′ N	2137~2845	青海云杉 *P. crassifolia*
11~33	QHZ	青海互助	23	102°28′~102°33′ E 36°51′~36°56′ N	2141~2450	青海云杉 *P. crassifolia* 青杆 *P. wisonii*

（续表）

样本号	采样地代号	采集地	样本数	经纬度	海拔（m）	寄主
34~47	QZK	青海泽库	14	101°53′~101°56′E 35°14′~35°20′N	2834~3173	青海云杉 P. crassifolia 紫果云杉 P. purpurea
48~52	QJZ	青海尖扎	5	101°41′~101°42′E 36°04′~36°05′N	3007~3080	青海云杉 P. crassifolia 青杆 P. wisonii
53~60	GXH	甘肃夏河	8	102°46′~102°47′E 35°09′~35°10′N	2750~2822	紫果云杉 P. purpurea 青海云杉 P. crassifolia
61~68	GLQ	甘肃碌曲	8	102°40′~102°42′E 34°29′~34°30′N	3003~3012	青海云杉 P. crassifolia
69~73	SDF	四川道孚	5	101°10′~101°11′E 31°14′~31°15′N	3788~3791	鳞皮云杉 P. retroflexa
74~79	SLH	四川炉霍	6	100°46′~100°47′E 31°36′~31°37′N	3547~3577	川西云杉 P. likiangensis var. balfouriana
80~85	SDG	四川德格	6	98°48′~98°49′E 31°55′~31°56′N	3733~3743	川西云杉 P. likiangensis var. balfouriana
86~100	SDC	四川稻城	15	100°05′~100°06′E 29°14′~29°15′N	3962~4009	川西云杉 P. likiangensis var. balfouriana

表 3-2　云杉矮槲寄生样本的采集信息（白云等，2016）

群体编号	采样地	个体数	纬度（N）	经度（E）	海拔（m）	寄主
QTR	青海同仁	9	35°13′47.06″~ 35°34′08.04″	101°53′57.05″~ 102°12′15.20″	2956~3153	青海云杉 P. crassifolia、 紫果云杉 P. purpurea
QHZ	青海互助	7	36°51′46.80″~ 37°02′49.20″	102°18′32.40″~ 102°34′08.40″	2369~2708	青海云杉 P. crassifolia、 青杆 P. wilsonii
QMY	青海门源	10	37°16′05.00″~ 37°22′58.85″	101°38′36.36″~ 102°00′25.00″	2803~2901	青海云杉 P. crassifolia
GHZ	甘肃合作	5	35°02′53.58″~ 35°02′55.50″	102°50′07.38″~ 102°50′09.41″	2852~2897	青海云杉 P. crassifolia、 紫果云杉 P. purpurea
GXH	甘肃夏河	6	35°09′19.13″~ 35°09′20.63″	102°46′17.73″~ 102°46′20.16″	2819~2844	青海云杉 P. crassifolia、 紫果云杉 P. purpurea
GLQ	甘肃碌曲	5	34°30′08.98″~ 34°30′09.63″	102°39′45.93″~ 102°39′46.44″	3042~3080	青海云杉 P. crassifolia
SRT	四川壤塘	2	32°08′47.55″~ 32°08′47.88″	100°55′24.28″~ 100°55′24.69″	3473~3497	粗枝云杉 P. asperata
SDF	四川道孚	8	31°14′46.85″~ 31°14′47.73″	101°10′47.46″~ 101°10′47.83″	3788~3800	鳞皮云杉 P. retroflexa
SLH	四川炉霍	10	31°36′42.31″~ 31°36′45.55″	100°46′10.18″~ 100°46′14.02″	3546~3584	川西云杉 P. likiangensis var.balfouriana

利用云杉矮槲寄生核基因的 ITS 片段进行单倍型分析发现，云杉矮槲寄生的单倍型多样性 $h=0.6785$，核苷酸多样性 $\pi=0.0059$，群体间的遗传多样性水平存在很大差异（$h=0.0000\sim1.0000$，$\pi=0.0000\sim0.0094$）。其中四川壤塘（SRT）群体具有最高的遗传多样性水平（$h=1.0000$，$\pi=0.0094$），四川炉霍（SLH）和甘肃夏河（GXH）的群体也具有较高的遗传多样性水平（$h=0.8000$，$\pi=0.0060$；$h=0.8000$，$\pi=0.0047$），而青海同仁（QTR）和甘肃合作（GHZ）的两个群体则表现出最低的遗传多样性水平（$h=0.0000$，$\pi=0.0000$）（表 3-3）。

通过对三个省份 5 种寄主上的 100 份云杉矮槲寄生样本进行 ISSR（inter simple sequence repeat）分析发现，利用筛选出的 10 条非特异性引物共能扩增出多态性条带 129 条，多态位点百分率（PPB）99.23%。物种水平上的 Nei's 遗传多样性指数（H_e）和 Shannon 信息指数（I）分别为 0.3139 和 0.4765，表明云杉矮槲寄生的物种水平遗传多样性较高，但群体间的基因流（$N_m=0.5287$）较弱，可能会加速群体间的遗传分化（$G_{st}=0.486$）（表 3-4）。

不同群体之间的遗传距离以门源群体与互助群体之间的最小（0.0528），远小于该群体与其他群体之间的遗传距离（均大于 0.0819），表明门源群体与互助群体之间存在更加频繁的基因交流，遗传信息更为相似（表 3-5）。同样，尖扎群体与泽库群体、夏河群体与碌曲群体、道孚群体与炉霍群体、德格群体与稻城群体，同样在遗传距离上表现出了更为相近的遗传特点，这表明虽然各群体之间遗传变异的丰富程度不同，但部分地理位置相近的群体之间依旧存在着一定的基因流动。

利用距离聚类对遗传结构进行分析发现，当遗传相似系数为 0.56 时，100 份样本可分为两大组：青海省、甘肃省的样本聚为第一组；四川省样本聚为第二组（图 3-1）。当相似系数为 0.73 时，第一组进一步细分为三个亚组：青海门源县（QMY）与互助县（QHZ）的样本聚为第一亚组；青海尖扎（QJZ）与泽库县（QZK）样本聚为第二亚组；甘肃省样本聚为第三亚组。当遗传相似系数为 0.59 时，可将第二组划分成两个亚组：采自道孚县（SDF）和炉霍县（SLH）的样本划分为一个亚组；德格县（SDG）与稻城县（SDC）的样本划分为另一个亚组。

模型聚类的分析结果同样支持了这一分组方式。基于 STRUCTURE 软件的分析显示，当群体参数 $K=2$ 时，$\triangle K$ 表现出峰值（附图 7 A），聚类结果表明全部样本被分成了两大组。进一步对两大组样本进行分析：当第一组样本的 $K=3$ 时，$\triangle K$ 表现出峰值，聚类结果如图（附图 7 B）；当第二组样本的 $K=2$ 时，$\triangle K$ 表现出峰值，聚类结果如图（附图 7 C）。

表 3-3　不同地理群体云杉矮槲寄生的遗传多样性指数（白云等，2016）

群体编号	寄主	ITS1单倍型																单倍型数目	单倍型多样性	核苷酸多样性
		H1	H2	H3	H4	H5	H6	H7	H8	H9	H10	H11	H12	H13	H14	H15	H16			
QTR	青海云杉 P. crassifolia	8																1	0.0000	0.0000
	紫果云杉 P. purpurea	1																		
QHZ	青海云杉 P. crassifolia	3	1															3	0.5238	0.0027
	青杆 P. wilsonii	2		1																
QMY	青海云杉 P. crassifolia	8	1		1													3	0.3778	0.0047
	青海云杉 P. crassifolia	1																		
GHZ	紫果云杉 P. purpurea	4																1	0.0000	0.0000
GXH	青海云杉 P. crassifolia	1						1										4	0.8000	0.0047
	紫果云杉 P. purpurea	2				1	1													
GLQ	青海云杉 P. crassifolia	4							1									2	0.4000	0.0019
SRT	粗枝云杉 P. asperata									1	1							2	1.0000	0.0094
SDF	鳞皮云杉 P. retroflexa											1	6	1				3	0.4643	0.0024
SLH	川西云杉 P. likiangensis var. balfouriana											4	3		1	1	1	5	0.8000	0.0060
总群体 Total		34	2	1	1	1	1	1	1	1	1	5	9	1	1	1	1	16	0.6785	0.0059

GenBank 登录号：H1-KP455420; H2-KP455429; H3-KP455435; H4-KP455439; H5-KP455453; H6-KP455454; H7-KP455455; H8-KP455459; H9-KP455462; H10-KP455463; H11–KP455464; H12-KP455465; H13-KP455475; H14-KP455476; H15-KP455476; H16-KP455480。

表 3-4　云杉矮槲寄生不同种群的遗传多样性（王野等，2017）

群体	有效等位基因数（N_e）	Nei's遗传多样性指数（H_e）	Shannon信息指数（I）	多态位点数	多态性比例（PPB）（%）
门源（QMY）	1.2703	0.1553	0.23	55	42.31
互助（QHZ）	1.3498	0.2018	0.2981	70	53.85
泽库（QZK）	1.2731	0.161	0.2415	60	46.15
尖扎（QJZ）	1.2074	0.1166	0.1718	40	30.77
夏河（GXH）	1.2101	0.1239	0.1857	46	35.38
碌曲（GLQ）	1.2641	0.1475	0.2161	50	38.46
道孚（SDF）	1.3007	0.1668	0.2429	54	41.54
炉霍（SLU）	1.3392	0.188	0.2743	62	47.69
德格（SDG）	1.271	0.1532	0.2266	54	41.54
稻城（SDC）	1.4559	0.2593	0.3826	91	70.00
总体 Totle	1.5269	0.3139	0.4765	129	99.23

N_e, Number of effective alleles；I, Shannon's information index；H_e, Nei's information index；PPB, Percentage of polymorphic loci.

表 3-5　不同群体间云杉矮槲寄生 Nei's 非偏差遗传距离和遗传相似系数（王野等，2017）

群体	门源（QMY）	互助（QHZ）	泽库（QZK）	尖扎（QJZ）	夏河（GXH）	碌曲（GLQ）	道孚（SDF）	炉霍（SLU）	德格（SDG）	稻城（SDC）
门源（QMY）		0.9486	0.9213	0.8905	0.8276	0.8582	0.7634	0.7623	0.7241	0.7956
互助（QHZ）	0.0528		0.9145	0.8935	0.8832	0.8671	0.7949	0.7686	0.7551	0.8066
泽库（QZK）	0.0819	0.0894		0.9417	0.8442	0.8634	0.7401	0.7491	0.7014	0.7682
尖扎（QJZ）	0.1160	0.1126	0.0601		0.8316	0.8437	0.7006	0.7024	0.6624	0.7148
夏河（GXH）	0.1892	0.1243	0.1693	0.1844		0.9132	0.7742	0.7469	0.7008	0.7748
碌曲（GLQ）	0.1529	0.1426	0.1469	0.1699	0.0908		0.7267	0.7615	0.6974	0.7568
道孚（SDF）	0.2700	0.2295	0.3010	0.3558	0.2560	0.3192		0.8293	0.7777	0.8050
炉霍（SLH）	0.2714	0.2631	0.2888	0.3533	0.2918	0.2725	0.1872		0.7918	0.7812
德格（SDG）	0.3228	0.2808	0.3546	0.4118	0.3555	0.3605	0.2514	0.2334		0.9018
稻城（SDC）	0.2287	0.2150	0.2636	0.3358	0.2551	0.2786	0.2169	0.2469	0.1033	

注：左下部为遗传距离，右上部为遗传相似系数。

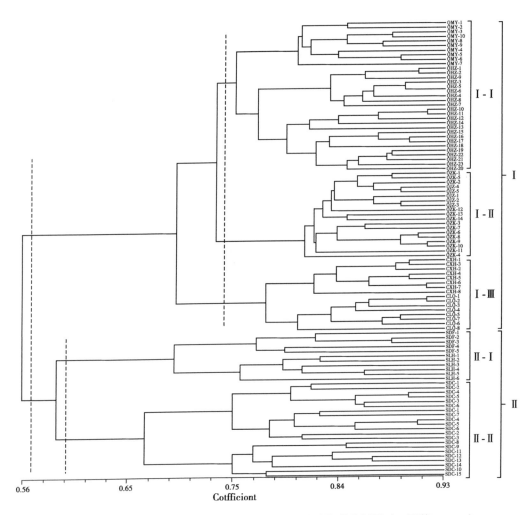

图 3-1 NTSYS 软件对 100 份云杉矮槲寄生样本的聚类分析图（王野等，2017）

从单倍型分布来看，云杉矮槲寄生 9 个群体的 62 个样本共产生 16 个单倍型。其中单倍型 H1 出现频率最高，在青海、甘肃的 34 个样本中均有出现；单倍型 H12 的出现频率次之，且仅出现在四川的 2 个群体的 9 个样本中（表 3-3）。16 个单倍型中，共享单倍型有 4 个（H1、H2、H11、H12），同时分布在多个群体中，其余 12 个单倍型为特有单倍型，仅在某一群体中出现。单倍型 H1 是广布单倍型，在青海、甘肃的 6 个群体中均有分布，单倍型 H2 分布在青海互助（QHZ）群体和青海门源（QMY）群体，单倍型 H11 和 H12 则在四川道孚（SDF）群体和四川炉霍（SLH）群体分布。而在四川的 3 个群体中均未发现与青海、甘肃群体中相同的单倍型（附图 8）。

单倍型的分布结果证实了云杉矮槲寄生聚类分析的准确性。广布单倍型 H1 和 H12 的独立分布表明，发生于青海、甘肃的群体与四川的群体已经产生了较为显著的遗传分化，单倍型 H2 和 H11 的分布情况也证实两大组内部存在着分支。

基于中介邻接法构建的单倍型网络图可以发现，以单倍型 H1 为节点形成了一个大的分支，以 H11、H12 为节点形成了两个小分支。单倍型 H1 和 H12 位于整个单倍型网络图的最中心，为古老单倍型，而其他单倍型都是从单倍型 H1 和 H12 经过一步或多步突变得到的，位列于整个单倍型网络图的外部节点上，为衍生单倍型。其中，单倍型 H4 与 H1 之间产生了最远的遗传距离（附图 9）。

据此不难推测，发生于青海和甘肃的云杉矮槲寄生群体很可能属于同一个古老的群体，随后在各自的区域内，由于地理环境和寄主的不同发生了独立进化，分化出新的单倍型。四川的 3 个群体中单倍型的演化网络也有类似的结果，由祖先单倍型 H12 逐渐衍生出其他单倍型。

3.3.2　云杉矮槲寄生的叶绿体 DNA 遗传多样性和遗传结构

利用多个叶绿体片段对云杉矮槲寄生遗传多样性和遗传结构进行研究发现，分布在青海、甘肃、四川的 13 个矮槲寄生群体 135 个样本共检测到 9 个单倍型。在青海、甘肃的 8 个群体中，除了青海班玛（QBM）群体，其余 7 个群体均具有单倍型 H2，被 48 个个体所共有。在四川的 5 个群体中，除四川稻城（SDC）群体外，其余 4 个群体以及青海班玛（QBM）群体均具有单倍型 H7，被 41 个个体所共有，因此，单倍型 H2 和 H7 为广布单倍型。同时，各群体中单倍型的分布频率及分布范围存在差异（附图 10）。所有群体的单倍型种类均不太丰富，均由一种或两种单倍型组成。

空间分子方差（SAMOVA）分析同样认为将 13 个群体分为两组较为合适。一组（group 1）主要是四川群体，包括四川壤塘（SRT）、四川道孚（SDF）、四川炉霍（SLH）、四川德格（SDG）、四川稻城（SDC）和青海班玛（QBM）；另一组（group 2）为青海、甘肃群体，包括青海同仁（QTR）、青海互助（QHZ）、青海门源（QMY）、青海尖扎（QJZ）、甘肃合作（GHZ）、甘肃夏河（GXH）和甘肃碌曲（GLQ）。

云杉矮槲寄生的 13 个群体总遗传多样性 H_T=0.716，群体内平均遗传多样性 H_S=0.163，group1 和 group2 的总遗传多样性分别为 0.547 和 0.270，群体内平均遗传多样性分别为 0.059 和 0.252。各群体的单倍型和核苷酸多样性水平均较低，单倍型多样性在 0.0000~0.6000 范围内变化（附图 11）。甘肃合作（GHZ）群体与四川 5 个群体、甘肃夏河（GXH）群体与四川 5 个群体间的遗传分化最大（FST=1.0000）。四川稻城（SDC）群体与其余 4 个四川群体间也表现出最高的遗传分化程度，而 4 个四川群体两两间的遗传分化最小（FST=0.0000）。青海、甘肃群体与四川群体间的遗传分化均较为显著。青海班玛（QBM）群体与其余

12 个群体之间均存在显著性差异，青海门源（QMY）群体与甘肃碌曲（GLQ）群体的遗传分化显著。

将 13 个群体依据空间分子方差（SAMOVA）分析分为两组后对其再进行分子变异方差（AMOVA）分析（表 3-6）。group 1 的遗传固定指数 FST=0.917 比 group 2 的遗传固定指数 FST=0.090 要高出 10 倍，说明了基因流在其中起到了关键作用。群体间基因流较强，则遗传变异主要来源于群体内；群体间基因流弱，则遗传变异主要来自于群体间。group1 来自于群体间的遗传变异为 91.73%，群体内的遗传变异仅占 8.27%；group2 来自于群体内的遗传变异则达到了 90.99%，而只有 9.01% 的遗传变异存在于群体间。

表 3-6　云杉矮槲寄生 13 个群体的 AMOVA 分析（白云，2015）

群体	变异来源	自由度df	平方和	变异组成	变异所占比例（%）	固定指数
总群体	组间	1	661.004	10.028	96.33	$F_{CT}=0.963**$
	组内群体间	11	31.690	0.284	2.73	$F_{SC}=0.744**$
	群体内	122	11.958	0.098	0.94	$F_{ST}=0.991**$
	总变异	134	704.652	10.410		
组1	群体间	5	29.787	0.4860	91.73	$F_{ST}=0.917**$
	群体内	73	3.200	0.0438	8.27	
组2	群体间	6	1.902	0.0177	9.01	$F_{ST}=0.090*$
	群体内	49	8.758	0.1787	90.99	

以油杉矮槲寄生（*A. chinense*）作为外类群构建单倍型系统发育树，9 个单倍型被明显分为两大分支，亲缘关系较近的被分到一支（图 3-2）。其中单倍型 H6、H7、H9 聚为一支，其全部来自 group 1，单倍型 H1、H2、H3、H4、H5、H8 分为另一支，所属群体均在 group 2 中，两大分支内部并未见明显的小支分出。

基于溯祖理论，古老单倍型一般位于单倍型网络图的内部节点处，外部节点上分布的单倍型则为古老单倍型的后代（Golding，1987；Crandall *et al.*，1993）。Network 构建的单倍型网络图与单倍型系统发育树具有相似的结构（附图 12）。广布单倍型 H2 和 H7 位于 group 1 和 group 2 的中心位置，也是较为古老的单倍型，即为祖先单倍型。而组内其他单倍型均是由这两种单倍型分别经过一步或多步突变衍生而来，即为衍生单倍型。两种祖先单倍型分别被各自组内大部分群体共享，两大分支内部的分化故而就不明显。

从 cpDNA 的单倍型分析来看，group 1（*h*=0.5836，*π*=0.0003）的单倍型多样

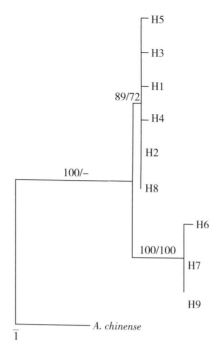

图 3-2　云杉矮槲寄生 9 个单倍型的 MP 和 BI 系统发育树（白云，2015）

注：节点上的数值表示自展支持率和后验概率。

性和核苷酸多样性要高于 group 2（h=0.2656，π=0.0002）。一般认为避难所由于生态环境较为稳定而使植物群体在冰期得以存活，使遗传多样性可以得到积累，故而单倍型和核苷酸多样性较高的区域可能就是冰期避难所（Tzedakis *et al.*，2002），通常祖先单倍型所在的地理位置就为冰期的避难所（Templeton *et al.*，1995）。据此推断，第四冰期时云杉矮槲寄生可能有两个避难所。广布单倍型 H2 广泛分布在青海和甘肃群体中，单倍型 H7 则广泛分布在四川群体，两种祖先单倍型在遗传距离上也相对较远，形成不同分支，并且分布在相对隔绝的地理区域中，因此推测青海甘肃群体和四川群体可能所属不同起源或是不同冰期避难所。

3.3.3　分布范围和生殖特点影响云杉矮槲寄生的遗传多样性

Jerome 等（2002a）采用 AFLP 的方法对美洲矮槲寄生 3 个小种形成及遗传多样性进行研究，得出的 PPB 为 48.2%，H 为 0.17。Amico 等（2014）对美国南部矮槲寄生进行 RAPD 分析，结果显示 PPB 达到 81%，I 为 0.634。作者基于 ITS 片段对云杉矮槲寄生遗传单倍型分析，结果单倍型多样性 h=0.6785，核苷酸多样性 π=0.0059。通过 ISSR 遗传多样性分析，得出云杉矮槲寄生的多态位点百分率

（PPB）为 99.23%，物种水平上的 Shannon 信息指数（I）与 Nei's 遗传多样性指数（H_e）分别为 0.4765 和 0.3139，有效等位基因数（N_e）为 1.5269。

中国云杉矮槲寄生相较于矮槲寄生属的其他物种而言，其物种水平的遗传多样性更高，表明中国云杉矮槲寄生具有很好的遗传基础。鉴于寄生植物需要适应不同的寄主基因型，克服寄主的抗性选择压力，其会产生较高的遗传多样性水平（Gagne et al., 1998；García-Franco et al., 1998；Mutikainen et al., 2002），甚至高于其寄主植物（Jerome et al., 2002b；Zuber et al., 2009）。

物种的遗传多样性受其生活史、种子散播和传粉机制、交配系统、生殖模式、突变率以及突变机制等生物学特性的影响。植物的交配方式会显著影响其遗传多样性水平。Ayala 等（1984）研究了 69 种植物的遗传多样性，结果表明异交的遗传多样性比自交的要高出 3 倍左右。一些研究者认为多年生、分布广泛、风媒传播的木本植物表现出较高的遗传多样性（Hamrick et al., 1992；Hamrick et al., 1996; Nybom et al., 2000; Nybom, 2004）。油杉寄生属内没有自然杂合体或多倍体，矮槲寄生作为一种多年生寄生性种子植物，雌雄异株，依靠风力或昆虫进行异花授粉，使其物种的遗传多样性处于较高水平。

然而，云杉矮槲寄生群体水平的遗传多样性（H_s=0.1674）相较于 Nybom（2004）统计的多种植物遗传多样性（H_s=0.22 或 0.23）的平均值（基于 RAPD、AFLP、ISSR）明显偏低，这可能与云杉矮槲寄生在我国独特的适生区分布有着密切的关系。

由于云杉矮槲寄生寄主的适生区主要为青藏高原及其周边地区，独特的地理条件和极端气候因素造成其寄主云杉呈现带状或斑块状分布于山体的阴坡或半阴坡（雷静品，2012）。这种寄主分布区的极度片段化以及人为活动的影响，致使云杉矮槲寄生群体间基因流（N_m=0.5287）减弱，遗传分化（G_{st}=0.486）增大，群体内部的遗传变异较群体之间更为丰富。同时，云杉矮槲寄生寄主的种类有限，青海云杉、鳞皮云杉、紫果云杉、川西云杉、青杆等多以纯林的形式自然分布，寄主的适生区很少出现重叠，寄主专化性的产生降低了群体间的遗传多样性。

3.3.4　地理隔离和寄主的选择压力影响云杉矮槲寄生的遗传结构

通常情况下，物种的生活史特点、分布以及与基因扩散有关的生态学过程均可以影响其遗传结构，不同的因素对物种遗传变异大小的影响程度不同。在物种水平上依次为：分类地位 > 分布范围 > 生活型 > 繁育系统 > 种子散布机制；而在群体水平上则变为：繁育系统 > 分布范围 > 生活型 > 分类地位 > 种子散布机制。在寄生植物与寄主互作的系统中，寄生植物的生活史与其寄主植物、非寄植物、交配方式以及种子传播机制均有着密切的关系（Hawksworth *et al.*，1996；Phoenix *et al.*，2005；Press *et al.*，2005；Mathiasen *et al.*，2008）。因此，矮槲寄生与其他生物之间的互作可能影响着矮槲寄生的遗传结构（Barrett *et al.*，2008）。同时，由于寄生植物具有特殊的生活史策略，通常难以形成经典的遗传多样性和遗传结构模式。那些依赖特定寄主或者缺乏长距离传播机制的寄生植物则会由于较低的基因交流频率而导致地理适应性或寄主依赖性小种的形成，表现出较强的遗传结构特征和地理距离隔绝（Jerome *et al.*，2002a；Stanton *et al.*，2009）。

对云杉矮槲寄生叶绿体基因的空间分子方差（SAMOVA）分析、单倍型建树以及网状分支分析结果显示，其群体的 N_{ST}=0.979 极显著大于 G_{ST}=0.773，同时地理距离和遗传距离的相关性检验结果也表明两者是呈正相关的关系。说明相同单倍型仅在距离相近的群体中分布，随着地理距离的增加分化越来越明显，其群体具有十分明显的谱系地理结构。

作者在四川、青海和甘肃采集的云杉矮槲寄生群体样本，基于全基因组进行的聚类分析将其分成两个大组（图 3-1，附图 7），青海与甘肃的样本被分在一组，四川样本被独立在另外一组；基于叶绿体 DNA 的单倍型分析也得到了相同的分组结果（表 3-6，图 3-2，附图 12），并且组 1 和组 2 拥有完全不同的单倍型。在两组内单倍型的分布情况和地理距离之间也没有直接关系，也不具备分子谱系地理结构。这意味着组间的基因交流受到限制后，使得不同基因在各自的群体内慢慢固定下来，遗传变异得到较多的积累最终导致明显分化。

长期的地理隔离可以加速植物群体的遗传分化和种的形成，复杂的生境条件及较远的距离会导致基因流隔离（吴玉虎，2004；刘占林等，2007；李斌等，2008；于海彬等，2013）。受限于独特的地理位置条件，青海省南部的巴颜喀拉山由西北向东南延伸，其东面是若尔盖草原，西面同可可西里的东缘相接，将云杉矮槲寄生的青海群体与四川群体完全隔断。巴颜喀拉山地区由于长期的地理隔离造成一部分植物群体发生遗传分化。若尔盖草原位于青藏高原东北部，西起巴颜喀拉山，是一块完整的丘状高原，将甘肃群体与四川群体阻隔开来，从而阻碍了花粉和种子的传播，限制了群体间的基因交流，进而造成了云杉矮槲寄生群体之间分化程度的加大。然而，青海与甘肃采样点间并无山川河流将其阻隔，且由于云杉苗木的批量流通导致基因交流较为频繁，故青海、甘肃群体间未形成明显分化。

一般来讲，寄主的分布范围呈片断化，寄生物就会有高度分化（Burban *et al.*，1999）。物种在经历了较长的进化历史之后，会在遗传结构中表现出较高的单倍型多样性和遗传分化，因此推断云杉矮槲寄生的进化历史可能较长。同时山川和草甸的存在使片断化分布增强，空间距离上花粉传播受到限制以及种子的长距离扩散能力较低等因素，使云杉矮槲寄生两组间不能进行基因交流，组间的变异才能不断积累且经过足够长的时间而产生分化，而组内群体间在地理分布上距离较近并未产生地理隔离，基因交流也较为频繁，没有显著的遗传分化发生。因此组间的地理隔绝是导致云杉矮槲寄生群体产生强烈遗传分化的重要原因。

寄主选择压力对矮槲寄生的适应性起到了重要的辐射作用（Nickrent et al.，1990；Hawksworth et al.，1996）。对寄生性植物而言，种的形成主要源于物种各群体间基因交流的不断减弱甚至停止，而造成这一结果的因素包含地理隔离、对环境的适应、寄主类群的改变等（Templeton，1981；Orr et al.，1996；Schluter，1998；Via et al.，2000）。对云杉矮槲寄生而言，分布在四川省的种群主要寄主为鳞皮云杉和川西云杉，而分布在青海省和甘肃省的种群主要寄主为青海云杉、紫果云杉和青杆。前后两者出现了明显的分化，表明寄主选择压力对云杉矮槲寄生群体分化起到了一定的作用（图3-3）。

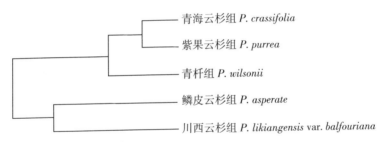

图3-3　不同寄主间云杉矮槲寄生的 UPGMA 遗传距离聚类图（王野，2018）

一些学者认为，高度的群体细分化、地理差异和未知类群的存在更容易使寄生性植物产生分化特性（Price，1980；Tibayrenc et al.，1991）。然而寄生性植物广泛分布的特点使其不受地理、环境等因素的限制，而是寄生物与其寄主的生活史特性、寄主选择压力等因素在其群体结构分化中起到了重要作用（Nadler，1995）。中国的云杉矮槲寄生在寄主一致性上也表现出了相似特点。一方面，四川类群的寄主鳞皮云杉和川西云杉生长范围无重叠，集中化生长明显，没有明显的寄主交叉过渡带的出现。另一方面，青海、甘肃类群的寄主林分构成虽然以纯林为主，但从大的地理区划来讲，不同寄主交叉分布，增大了群体间基因流动的可能性，致使群体遗传差异偏低。因此寄主种类的不同会导致云杉矮槲寄生群体间产生一定的遗传分化。

Amico 等（2009）分析槲寄生 T. corymbosus 和 T. aphyllus 的群体结构时发现，寄主、独特的形态学特征都与其形成的遗传结构不相关，而是冰期形成多个避难所到冰后期迁移导致了复杂的单倍型分布。在云杉矮槲寄生的群体遗传结构中看出，四川群体和青海甘肃群体两组间的强烈分化主要是地理隔绝造成的。青海班玛和甘肃碌曲极有可能是云杉矮槲寄生的两个冰期避难所。青海班玛属于巴颜喀拉山脉范畴，位于青藏高原东南部的边缘地带；而甘肃碌曲属于若尔盖草原的范畴，位于青藏高原的东边缘。云杉矮槲寄生由于斑块状分布且高山草原阻隔了两组间的基因交流，使得在第四冰期时不同的群体很难形成一个共同的避难所。在冰后期并未见明显扩张，基因交流近乎没有，依然在相对隔离的地理范围内分布。两组内也没有发生扩张，且单倍型组成有单一化的趋势。在分别对丽江云杉和青海云杉的谱系地理学及进化历史的研究中，也表明在青藏高原存在多处冰期避难所，包括巴颜喀拉山脉和若尔盖草原范畴（Meng *et al.*，2007；Zou *et al.*，2012）。推测基因交流和迁移由于受到巴颜喀拉山和若尔盖草原的阻碍，同时又受到寄主的选择压力，导致云杉矮槲寄生群体形成现在的分布格局。

第 4 章

矮槲寄生的生活史与传播

矮槲寄生有一些典型特征使其区别于其他被称为"槲寄生"的植物。

（1）植株体形极端缩小，一些矮槲寄生种类（如 *Arceuthobium minutissimum*）的有花植株高度只有几个毫米，几乎是双子叶植物中最小的。

（2）引发寄主产生扫帚丛枝，使寄主生长量降低，可致寄主死亡。

（3）进化出了非常有效的种子弹射机制，而其他槲寄生植物大多依赖鸟类传播种子。

（4）有些矮槲寄生果实双色，茎具备不同模式的异形次级生长。

4.1 矮槲寄生的生活史

矮槲寄生的生活史包括四个阶段：传播、定植、潜育和繁殖（图4-1）。当矮槲寄生的果实成熟，将其中的种子弹射出去时即为传播期的开始；定植期包括从种子落到安全的场所到寄生关系的确立这一段时间；随后的2~5年时间里，在寄主的树皮下会产生庞大的内寄生系统，这一阶段为潜育期；繁殖期时矮槲寄生持续地从寄主体内抽发出寄生芽，并能够开花、结果，同时内部寄生系统继续生长。只有当矮槲寄生死亡时，其生活史才会结束，而一般只有寄主本身死亡时矮槲寄生才会死亡。

4.1.1 传　播

矮槲寄生的传播主要依赖于其进化产生的种子弹射机制。矮槲寄生种子的弹射可以使种子在几毫米至十几米的距离内建立新的侵染。在成熟的果实内部，随着粘胶质层的生理膨胀，产生的内部压力越来越大，遇到轻微震动或果柄与果皮成熟产生的收缩力不一致，都能引起种子在果实脱落时发生强力弹射。种子弹射

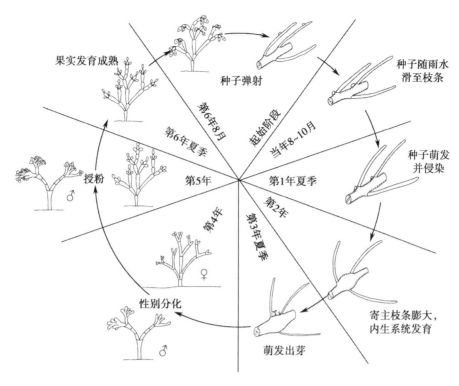

图 4-1 云杉矮槲寄生的生活史

本质上是依赖于果实内部产生的流体静力学压力。

　　不像其他的槲寄生种子主要依赖鸟类进行传播，矮槲寄生几乎完全依赖种子弹射机制进行短距离传播。只有极少的报道中提到鸟类和哺乳动物在矮槲寄生远距离传播的过程中可能扮演着重要的角色，但是至今也缺乏决定性的证据（Nicholls et al.，1984）。因为矮槲寄生是雌雄异株的，要在一个远距离的林地内建立新的侵染，必须有至少 2 枚不同性别的种子被携带传播至林间，并且要在距离较近的相邻寄主上成功侵入、定植并完成有性生殖。也有例外，比如广泛分布于墨西哥松林中的 *Arceuthobium verticilliflorum*，其果实较大，是其他矮槲寄生的两倍，没有种子弹射机制，主要依赖鸟类携带进行传播。虽然远距离传播的机制还有待明确，但据记载，至少有 6 种矮槲寄生明确被发现在距离始发地 10~200km 的范围内成功建立了新的侵染（Hawksworth et al.，1996）。

4.1.2　定　植

　　正常矮槲寄生的果实中一般只含有一个种子，种子中含有一个绿色的胚和一个含淀粉的胚乳（Weir，1914；Hawksworth，1961a）。胚是绿色的，杆状，长度只有几个毫米；胚乳是由薄壁细胞组成。大多数被弹射到寄主枝条上的矮槲寄生种子在第二年春季环境条件适当的情况下，由胚的顶端开始突破内果皮产生胚根。

通常矮槲寄生的种子在野外不能进行长时间的休眠，有观察记录的最长时间为 15 个月，种子的萌发率为 58%，实验室条件下种子的贮藏期或休眠期可达 4 年，依然具有萌发的能力（Knutson，1969；Beckman et al.，1968；Knutson，1984）。一些矮槲寄生如 A. vaginaturm subsp. cryptopodum 和 A. guatemalense 的种子在秋季弹射后能够立即萌发，生长在热带墨西哥和美国中部的矮槲寄生在 8 月底 9 月初环境湿润条件下，种子也会在弹射后立即萌发（Hawksworth et al.，1996）。

遗传因素、动物取食以及环境条件的影响会减少种子的数量，种子平均萌发率也会随着环境变换而改变，同时还受到寄主树龄和健康状况的影响。环境因子在矮槲寄生种子萌发过程中扮演着重要的角色，实验室条件下，通过调节湿度、温度和光照，可以提高种子萌发率（Hawksworth et al.，1996）。湿度在不同种类矮槲寄生种子萌发中的影响不同，比如一定的湿度可以促进 A. pusillum 种子的萌发和胚根的生长，而对 A. abietinum 却没有影响（Scharpf，1970）。在温带地区，春季温度回暖时种子开始萌发，通常最佳的萌发温度为 15~20℃（Gill et al.，1961；Scharpf，1970）。光照可以显著地促进矮槲寄生种子的萌发（Lamont，1983）。A. americanum、A. vaginatum subsp. cryptopodum 以及 A. abietinum 的野外种子萌发率都超过 90%。而其他一些种类的野外萌发率相对较低：A. pusillum 7%~25%，A. tsugense 3%~45%。

4.1.3 潜 育

种子萌发后产生的胚根向寄主方向生长，以便能够侵入寄主，完成定植。一旦侵入寄主组织，矮槲寄生一般会在内部潜伏 2~5 年，用于建立和扩展它的内寄生系统，然后产生寄生芽。随着内部寄生系统的生长，矮槲寄生与寄主间营养关系随之建立。矮槲寄生由初生根发育出皮层根，皮层根在寄主皮层内纵向横向延伸，纵向生长较快，有的甚至能与寄主新梢抽发同速。因为种子胚乳已随胚根生长逐渐消解，所以初生根及皮层根生长所需的营养完全来自寄主。皮层根围绕寄主形成层进行的周向生长，远不及纵向生长迅速。皮层根能向内发育出楔形吸根，以机械的方式深入木质部，可达心材。吸根上一些细胞能逐渐分化为维管束细胞，与寄主维管束相连，直接吸收水分和营养物质（Brandt et al.，2005）。

矮槲寄生外部植株抽发前，完全是内寄生系统生长的过程，但即使在进入繁殖期以后，内寄生系统依然继续生长。内寄生系统在寄主体内的建立方式分为两种类型：系统型侵染和局部型侵染。系统型侵染指内寄生系统会随着寄主枝条生长而生长，而局部型侵染的内寄生系统只在侵入部位的一个特定区域内生长。由于环境因素或遗传因素，不同种类矮槲寄生之间潜伏期存在差异，一般情况下潜伏期为 3~4 年。

在矮槲寄生的侵入过程中，不同的寄主会产生不同的抗性反应。例如自然状况下，*A. campylopodum* 不能成功地侵染 *Abies concolor*，只有在实验室内进行人工接种才能使其成功侵染（Weir，1918）。根据矮槲寄生的侵染指数（即寄主感病率）可以对矮槲寄生的寄主进行归类：主要寄主（≥90%）、次要寄主（50%~90%）、偶然寄主（5%~50%）和很少被侵染寄主（≤5%），而不能被矮槲寄生侵染的寄主被称为免疫寄主（0%）（Hawksworth *et al.*，1972）。例如在青海省的门源和泽库两个县，云杉矮槲寄生对青海云杉林的侵染指数分别为 30% 和 46%，但是在发病严重的地区青海云杉感病率超过 90%（李涛等，2010），说明这两地生长的青海云杉为云杉矮槲寄生的主要寄主。

4.1.4　繁　殖

皮层根在寄主皮层内延伸，吸根向内生长，同时向外抽发植株。芽的生长多在夏季，幼芽萌发出的当年，植株生长量不大，9 月中旬以后营养生长趋于停止，翌年春季开始继续生长并迅速达到生长高峰。虽然矮槲寄生植株含有叶绿素，但是矮槲寄生不进行明显的光合作用，外部寄生植株的首要功能是繁殖，其次是调节生长所需的水分和营养物质。

矮槲寄生从新芽萌发到初次开花通常需要 1~2 年，花期的长短和开花时间因种类不同和气候变化存在差异。大多数矮槲寄生种类具有固定的花期，一般在 4~6 月，单个花序的花期为 14~17 天。在盛花期，雄花开放，随花瓣展开花药发生横裂，逐渐扩展成杯状，花粉粒散出。花粉粒圆球形，双层壁，外壁有刺，常粘集成块。花冠中央有蜜腺，以虫媒传播为主，花粉粒个体微小，也可借风力传播。由于矮槲寄生分布较为聚集，传粉授粉过程很少受到限制。雌花单被，发育成熟时，柱头分泌大量黏液，可固着花粉，同时刺激花粉萌发。

云杉矮槲寄生 *A.sichuanense* 的花期自 5 月中旬开始至 7 月初结束，持续 40 天以上。在青海省麦秀林区云杉矮槲寄生最早在 5 月 18 日开花，单个花序的花期为 14~17 天，6 月 11 日起进入开花盛期。单株花序开花基本动态为：花期初期 1~3 天内基本没有花凋落；4~7 天开始有 2%~4% 的花凋落；9~11 天逐渐有超过 20% 的花开始萎蔫；12~14 天有超过 60% 的花凋落；15~17 天花期基本结束。

一般而言，云杉矮槲寄生的同一花序中，花序基部的花最先开放，顶部花在其后 1~2 天内陆续开放，开放时期因植株高度、花序中花朵数量而不同（表 4-1）。株高在 2~3cm 的花序通常在 2 天内全部开放，植株高 4~6cm 且花苞较多的花序全部开放通常要 2~4 天。雌花在花期结束后，形成类似开花初期的卵状花苞，颜色为嫩黄色；而开花初期的花苞为绿色，形态上两者不易用肉眼分辨，但可以依据时间加以判断。自形成嫩黄色卵状花苞起，6~8 天后形成直径 1~1.3mm 的云杉矮槲寄生果实，颜色为浅绿色，坐果初期果实无梗，随着果实的成熟，果梗逐渐伸长至 1~1.5mm。观测到的最早果实出现时间为 6 月 17 日。

表 4-1　云杉矮槲寄生花的数量性状（夏博等，2010）

观测项目	基部花	顶部花
花朵直径（mm）	3.11 ± 0.07	3.02 ± 0.13
裂片长（mm）	1.65 ± 0.06	1.72 ± 0.02
裂片宽（mm）	1.24 ± 0.03	1.15 ± 0.01

降雨对云杉矮槲寄生的落花率影响较小。麦秀林区 6~9 月进入雨期，花期前 8 天内的中等降雨对花朵的脱落几乎没有影响，落花率均在 6% 以内；花期第 9 天以后的强降雨对落花率有较大影响，平均增加 20%~30%。

雌花受粉后发育产生果实，果实成熟时进行种子弹射，之后果实全部脱落。雄株开花、雌株落果后，大部分当年生的外部寄生植株不会脱落。但由于养分的大量消耗，生殖生长结束，外部寄生植株的营养生长也逐渐停止，多年生的矮槲寄生植株会自然脱落，脱落后在寄主表皮上留下一个杯状窝。云杉矮槲寄生完成一代繁殖后，转向内寄生系统的生长，翌年春天又可恢复再生，或在其他部位抽出新芽。

在寄主树冠产生扫帚状丛枝结构（witches'brooms）是矮槲寄生侵染的典型病理学特征，随着扫帚状丛枝结构的产生，上层树冠逐渐衰弱死亡。矮槲寄生作为多年生的寄生植物，在一个相对适宜和稳定的环境下，依靠内寄生系统从寄主获得营养，一旦侵染成功，即可在寄主上存活多年并不断繁殖。虽然目前对控制开花的生理机制研究较少，但在低光照和阴暗的低树冠环境下植株生长明显受到抑制，稀疏的树冠下通常可见矮槲寄生大量繁殖（夏博等，2010；Strand *et al.*，1976；Shaw *et al.*，2000）。

4.2　矮槲寄生的有性生殖

矮槲寄生是种子植物，繁殖通过产生和传播种子来实现。对于种子植物的有性生殖过程，一般可以分为两个阶段：①前种子传播时期，主要包括传粉、授粉、花粉萌发和花粉管生长、种子胚和胚乳的发育以及种子的生长形成等过程。②后种子传播时期，即在果实成熟后种子成功传播，这个过程通常伴随着环境的影响和生物遗传调控等。

4.2.1　传粉和授粉

已知的油杉寄生属植物的传粉方式主要是虫媒传粉和风媒传粉。不同的矮槲寄生传粉的选择和偏好有所不同，总体来说油杉寄生属植物偏好虫媒传粉，但是在没有传播媒介昆虫存在的特殊条件下（如在温室中），矮槲寄生也能够进行传粉并产生种子。

油杉寄生属植物偏好虫媒传粉，是由于其具有以下特点：①花药无柄；②花粉具刺；③花粉外有黏液使花粉聚集成簇；④与大部分风媒传粉植物（大约每朵花拥有 50000 粒花粉）相比，其花粉量相对较低（每朵花约 11000 粒花粉）；⑤非羽状柱头；⑥雄蕊能够产生花蜜，而雌蕊柱头能够分泌黏液；⑦雌花和雄花都能散发气味。

矮槲寄生也能够进行风媒传粉，是由于其具有以下特点：①外露的花药；②花粉大小在风媒传粉可传播的尺寸范围（10~60μm）；③单性花，雌雄异株；④花期、传粉期与其寄主花期和传粉期不一致；⑤雌雄异型，雄花为开放式，雌花为封闭式。

对传粉授粉的生物学研究以 *Arceuthobium americanum* 最多。*A. americanum* 同时兼有虫媒传粉和风媒传粉，但以虫媒传粉为主。关于授粉的生物学研究主要集中在两个方面：花蜜的产生以及花药的运动。矮槲寄生是现今为止最小的能够产生花蜜的开花植物，其雄花具有蜜腺，雌花的柱头能够分泌黏液。雄花蜜腺产生花蜜的量是极少的，而雌花柱头在适宜的、潮湿的环境中可以产生多于其柱头体积数倍的分泌物。当然，矮槲寄生雌花柱头产生分泌物的量与其他开花植物相比而言仍然是非常少的。研究发现 *A. abietinum* 的柱头分泌物是高浓度、高黏稠的，其中包含 48% 的蔗糖、39% 的果糖以及 11% 的葡萄糖；*A. americanum* 的柱头分泌物大概含有 50%~65% 的糖分，但雄花产生的花蜜含糖量却比较低（约 19%）（Gilbert *et al.*，1990）。

花粉落在柱头上并被分泌的黏液黏附，柱头分泌物对传粉和授粉有很大作用：①对于传粉者的吸引；②附着花粉；③刺激花粉萌发。

柱头分泌物是高糖浓度的，首先为花粉萌发提供了一定的物质基础，能够刺激花粉萌发，其次高糖分能够更好地吸引昆虫，从而增大传粉授粉概率。

A. *americanum* 以及其他一些矮槲寄生的花药在高温低湿的条件下能够打开，而在低温高湿的环境中则会闭合。温度的上升能够刺激昆虫的活动，有利于虫媒传粉，而相对地如果温度上升引起湿度的上升，矮槲寄生在高湿环境中花药闭合，则不利于虫媒传粉。因此以 A. *americanum* 为主的一些矮槲寄生种类在高温低湿环境中非常适宜生存，这也影响着这些矮槲寄生的地理分布（Gilbert *et al.*，1990；Whitehead，1969）。

4.2.2　花粉的萌发

相比矮槲寄生的其他有性生殖阶段，对矮槲寄生花粉的萌发以及花粉管的生长研究最少。只有 Gilbert 等（1991）对分布在加拿大的 A. *americanum* 花粉萌发情况做过研究，发现 A. *americanum* 在花粉萌发方面存在一些比较特殊的特征：①A. *americanum* 的花粉萌发需要较高的蔗糖浓度（约 20%）；②离体花粉萌发的最适温度为 30℃，萌发率通常低于 30%。

随着开花季节的到来，气温的逐渐升高使得花粉的萌发率逐渐上升。在花期临近结束时，大多数的花粉落在柱头上并萌发。一般来说，开花植物从传粉到受精的过程只需要 48h。Hudson（1966）观察 A. *douglasii* 和 A. *pusillum* 的花粉管萌发和生长情况，发现整个受精过程所需时间相对是较长的，矮槲寄生从花粉管萌发到胚囊减数分裂需要最少 2 个月时间，这在开花植物中是极为少见的。

A. *americanum*、A. *douglasii*、A. *pusillum* 三种矮槲寄生都是间接开花植物，即它们在秋天开花，并以成熟的花苞过冬，到次年春天（3 月或 4 月）时传粉受精。对于矮槲寄生需要如此长时间来进行传粉受精的原因尚不明确。然而有趣的是，这些矮槲寄生的针叶树寄主同样需要将近一年的时间来完成花粉管到达胚囊受精的过程。针叶树果实发育和大多数矮槲寄生的果实发育是接近同步的，它们的种子成熟都需要 12~18 个月的时间。这种在生理上的相似究竟是偶然，还是由于寄生关系导致趋同进化的结果，尚待明确。

4.2.3　胚囊发育、受精及果实成熟

矮槲寄生的胚囊由子房基部的组织发育而来，通常止于乳突。乳突结构没有外壳包被，而且在胚乳发育过程中被破坏，不会留在成熟果实内。由两个大孢子母细胞起始胚囊的发育，第一次有丝分裂的二分体细胞中只有一个能够存活下来，另外一个则快速凋亡，存活下来的二分体细胞进行有丝分裂并产生两枚单倍体胚核细胞，这两个胚核细胞经历两次成功的有丝分裂最终产生一个"七胞八核"的葱型胚囊。胚囊包括一个卵细胞、两个助细胞、两个极核以及三个反足细胞。

双受精以及形成三倍体胚乳的过程存在于整个槲寄生科中。花粉传播到柱头上后，花粉管萌发钻入柱头并进入子房，两枚成熟的精子一枚与卵配合，一枚与极核融合。之后胚囊横向发育为两室，一室包含与卵配合形成的二倍体合子以及退化的助细胞，另一室包含与极核融合的初生胚乳核以及退化的助细胞。这些分化的胚囊结构之后发育生长，合子发育成胚，初生胚乳核发育成胚乳。胚乳的发育略早于胚，可以为胚的发育提供营养，最终形成种子。

成熟的种子下胚轴是柱状的，一端是一个缺乏根冠、具有丰富分生组织的尖端，另一端是一对极小的、退化的子叶。成熟的果实具有较厚的果皮，一层槲寄生素细胞和薄壁组织细胞包裹着种子。除了 *A. pusillum*、*A. hawksworthii*、*A. abietis-religiosae* 等几个种类外，矮槲寄生的果实发育通常需要 12~18 个月。

4.2.4　果实和种子的其他特征

由于所有矮槲寄生的花都没有胚珠，理论上讲，它们都不具有真正意义上的"果实"和"种子"。矮槲寄生的果实和种子与高等种子植物的果实和种子相比存在一些特殊的特征。例如：种子缺失外皮、胚和胚乳含有叶绿素、下胚轴发育时有气孔存在、根冠缺失等。事实上，所有这些特征基本都与其寄生性的生活策略直接或间接相关。

种子缺失外皮的现象可能是油杉寄生属植物为适应种子弹射机制进化而来的，然而其他一些槲寄生植物的种子也是外皮缺失，主要依靠鸟类携带种子进行传播。对于这种现象的另一种解释是，种子在侵染寄主之前需要经历很长的过程，整个过程需要自给自足，胚和胚乳都含有叶绿素，并且其胚轴上存在气孔，使种子能够进行水平较低的光合作用，从而储存足够的物质供其生长消耗。

矮槲寄生的种子没有休眠机制。在温带地区，种子下胚轴的生长受到气候和温度的严重影响，当季节变换，气候和温度条件适宜种子萌发时，种子才能萌发生长。种子外包被的槲寄生素细胞除了提供附着力外，还具有高度的保水性，可能还起着避免种子失水、防止病菌侵染等重要作用。

4.2.5　性别比例

所有的矮槲寄生都是专性寄生的雌雄异花植物，且雌花和雄花比例存在偏差。统计发现，*A. tsugense* 矮槲寄生偏好开出雌花，其他一些矮槲寄生也存在性别选择偏好，大多数偏好开出雌花，雌花和雄花的比例接近 3∶2，详见表 4-2。

表 4-2　油杉寄生属的性别比率统计（改编自 Hawksworth *et al.*，1996）

矮槲寄生	寄主	性别比率 （雌花∶雄花）	观察地点	参考文献
A. abietinum	*Abies magnifica*	（62∶55）	Sierra Nevada.CA	Scharpf *et al.*，1982
	Abies concolor	（51∶66）	Sierra Nevada.CA	Scharpf *et al.*，1982
A. americanum	*Pinus contorta*	（210∶246）	3 areas near Banff,	Muir，1966
		（258∶183）	AB，Candada	
		（159∶174）		
		（627∶603）		
A. campylopodum	*Pinus ponderosa*	（53∶47）	Spokane，WA	Wicker，1967
A. globosum subsp.	*Pinus cooperi*	（72∶58）	Durango，Mexico	Hawksworth *et al.*，
globosum	*Pinus durangensis*	（91∶51）	Durango，Mexico	1997
A. pusillum	*Picea maiana*	Male plants most frequent（32∶19）	New York	Parry，1872 Peck，1875
A. strictum	*Pinus leiophylla* var. *chihuahuana*	（47∶32）	Durango，Mexico	Hawksworth *et al.*， 1997
A. tsugense	*Tsuga heterophylla*	（54∶46）	BC，Canada	Smith，1971
		（1803∶1254）		
A. vaginatum subsp. *cyptopodum*	*Pinus ponderosa*	（505∶495）	Flagstaff，AZ	Hawksworth，1961a

4.3　矮槲寄生的传播和扩散

种子弹射和寄生生活是矮槲寄生繁殖的重要特征，所以这两项特征的具体性质和特点很大程度上决定了矮槲寄生的种群数量、密度和动态多样性。种子弹射只能进行短距离传播，而寄生生长需要活寄主的存在，因此矮槲寄生呈现出在寄主上成簇发生、逐渐感染成片树木的发生特点（Robinson *et al.*，2002）。

矮槲寄生的有性生殖为其传播和扩散提供了条件。传播和扩散的本质都是种子弹射，因此都会被相应的环境因素和生活史（种子弹射、定植、萌发和有性生殖）所影响。通常矮槲寄生自感病林地传入一个新的林地，要在条件非常适宜的情况下（至少两种性别的种子成功定植、成功授粉产生种子）才能对林地形成侵染，而后在林地内不断增殖扩散，导致感病树木数量和矮槲寄生种群数量逐渐增加。

4.3.1　分级系统

矮槲寄生的危害程度划分和评价体系，不同于一般的植物病害以感病率、地区分布情况和空间特征等指标来描述。由于矮槲寄生是成簇存在的，为了便于描述寄主的感病程度、评价矮槲寄生危害程度、计算矮槲寄生在生态系统中种群丰度等，常常通过不同的等级系统来表示矮槲寄生种类发病程度、潜在的传播和危害程度。

虽然矮槲寄生的丰度可以用感病率、生物量及其他一些指标来衡量，但是矮槲寄生的严重程度通常是通过一个与树冠感染量相关的系统——DMR（dwarf mistletoe rating system）来表示。在这个系统中，寄主树冠被分为上中下三个部分，每个部分用数字 0、1、2 代表感染程度，0 代表没有被感染，1 代表少于一半的枝条存在矮槲寄生感染，2 代表多于一半的枝条被矮槲寄生感染。这个系统可以描述树冠不同部分的矮槲寄生分布情况，也可以通过三个部分感病数值相加来反映整株树木的感病情况（图 4-2）。

说明		举例
第 1 步：将树冠分为上、中、下三部分。		如果这部分没有可见的侵染，则病情等级为 0 级。
第 2 步：对每部分进行病情分级。病情分为三个等级：0 级、1 级、2 级。 　0 级，没有可见的侵染； 　1 级，轻度侵染（1/2 或小于 1/2 的枝条被侵染）； 　2 级，重度侵染（大于 1/2 的枝条被侵染）。		如果这部分为轻度侵染，则病情等级为 1 级。
第 3 步：将三部分的病情等级相加，获得整株树的病情等级。		如果这部分是重度侵染，则病情等级为 2 级。
		这棵树的病情等级为：0+1+2=3

图 4-2 矮槲寄生分级系统（改编自 Hawksworth，1977）

林区内所有树木的平均 DMR 值（DMR 0~6），称为标准 DMR，标准 DMR 可以用于大致反映林区内树木整体的感病程度。林区内所有感病树木的平均 DMR 值（DMR 1~6），称为标准 DMI。利用 DMR 和 DMI，可以计算矮槲寄生的感病指数：

$$DMR = DMI \times 感病指数$$

DMR 是表示矮槲寄生严重程度最通用的指数，而 DMI 和感病指数能够描述感病树木的病害程度和感病树木的相对丰度。

根据以上的分级系统原理，一般在研究工作中为结合自身研究情况，也可制定自己的分级标准，例如马建海等（2007）提出的五级分级标准（表 4-3）。

表 4-3　云杉矮槲寄生五级分级标准（马建海等，2007）

病级	代表值	分级标准
Ⅰ	0	无寄生害发生
Ⅱ	1	有寄生害发生但无明显丛枝
Ⅲ	2	受害枝条丛枝小于或等于全株二分之一
Ⅳ	3	受害枝条丛枝大于全株二分之一
Ⅴ	4	受寄生危害死亡

虽然 DMR 系统在诸多重要的寄主系统上（云杉、落叶松、黄松和白松）得到很好的应用，但是对于某些寄主系统并不是完全适用。例如对于铁杉林和冷杉林而言，由于树木较高、针叶较密集等因素，对上层树冠的矮槲寄生进行观察和分级是很困难的。矮的、圆的、紧凑的针叶类型以及矮槲寄生在树冠上的成簇分布使得树冠三分法很不准确。在花旗松林中，很难观察到单独的感病枝条，但整株的扫帚状丛枝结构却非常明显。Tinnin（1999）对 DMR 系统进行了扩展，利用 BVR 系统对形成扫帚丛枝的感病寄主进行病情描述，在 BVR 系统中用扫帚丛枝的体积来替代树冠三分法中的感病枝条数。

4.3.2　种子弹射机制

矮槲寄生种子的质量大约为 2~3mg，当果实成熟后，果梗伸长，液压在果实内积累并逐渐增大，果实从果梗上脱落时，种子能够以接近 24m·s^{-1} 的速度弹射出去，能让种子在几秒钟内就落到枝条上（Hinds *et al.*，1965）。种子弹射出去后在空中做抛物线运动，因此弹射结果受高度、果梗方位、种子重量、弹射速度及风力、风向等因素影响。

种子成熟后从母株上降落下来，特定时间和空间降落的种子量，被形象地成为种子雨（seed rain）或种子流（seed flow），是植物群落生态学研究的重要内容，不同物种的种子雨在发生时间、雨量、雨强及散布特征方面存在很大差异。

云杉矮槲寄生 *A. sichuanense* 的种子从 8 月 27 日开始弹射，强度逐渐增大至高峰，至 9 月中旬后种子雨强度变小。虽然种子雨强度的趋势总是固定的，但因每年的气候不同，云杉矮槲寄生果实的成熟期也不同，种子雨的高峰期也存在波动（图 4-3）。

整个种子弹射时期大致可划分为三个阶段：

（1）起始期：种子雨发生并达到一定的量，是种子雨强度（SRI，seed rain intensity）上升的阶段，大约 4~5 天（8 月 27 日至 8 月 30 日）；

（2）高峰期：种子雨上升到一定强度并持续一段时间后逐渐下降，大约历时

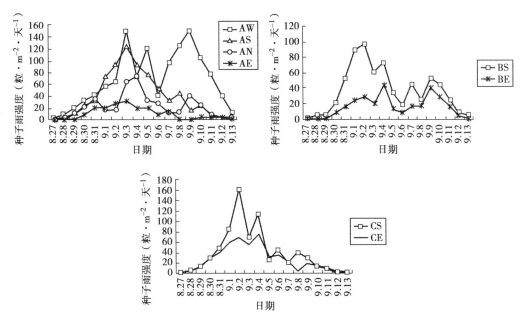

图 4-3　云杉矮槲寄生的种子雨时间动态（孙秀玲等，2014）

注：A，B，C 为所选取的种子树；N，S，W，E 表示种子数四个方向的种子盘位置。

12 天左右（8 月 31 日至 9 月 11 日），种子雨最大强度达到 124 粒·m^{-2}·天$^{-1}$，绝大多数种子在这一时期弹射，占种子总量的 90%；

（3）末期：种子雨强度逐渐降低直至接近为 0。

矮槲寄生种子的弹射过程是一个空间传播的过程。Hinds 等（1963）的研究显示矮槲寄生弹射的最大水平距离约为 16m，但大多数矮槲寄生的弹射距离在 10m 以内，弹射速度大约 27m·s^{-1}。云杉矮槲寄生种子弹射的最大水平距离约为 15m，大部分种子的水平弹射距离为 3~6m，且在 3m 附近有最大种子雨强（图 4-4）。种子弹射时间非常集中，在高峰期的种子雨量几乎占总雨量的 90% 以上。

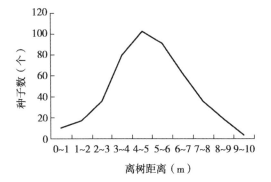

图 4-4　云杉矮槲寄生种子弹射距离和数量

（孙秀玲等，2014）

矮槲寄生的种子数量非常大。在美国科罗拉多州被 *A. americanum* 侵染的针叶林中，每公顷林地内每年可以产生 90 万~130 万颗寄生种子（Hawksworth，1965a）。被 *A. tsugense* 所侵染的 *Tsuga heterophylla* 每棵树上每年可以产生大约 7.3 万颗寄生种子（Smith，1973）。受 *A. campylopodum* 侵染的 *P. ponderosa* 每棵树上可产生大约 2 万颗寄生种子（Wicker，1967）。

矮槲寄生弹射出来的种子被寄主所截留的概率并不是很稳定，主要由寄主针叶的形态、矮槲寄生在寄主上生长的位置以及林分结构等因素决定。相距 2~3m 的两个被侵染的寄主能够相互截留高达 90% 的矮槲寄生种子（Hawksworth *et al.*，1996），但由于树冠密度、树冠长势和矮槲寄生在树冠上分布的不同，种子被寄主拦截的概率平均只有大约 40%，而落在树冠上的种子有 60%~80% 能够萌发和侵染（Smith，1985）。虽然能够安全固着在寄主枝条上的种子数量不多，但是感病的寄主树木上能够产生大量的寄生种子，为矮槲寄生的成功传播提供了数量基础。

在种子弹出后，种子会被鸟类和哺乳动物携带，或者因重力作用落下。种子外层包被的一层黏胶质细胞，能够产生一种被称为槲寄生素（viscin）的亲水性物质。槲寄生素可吸水膨胀，使种子在针叶上滑动，从而帮助种子移动并固着在寄主枝条表面的合适位置。如果针叶是向上生长的，种子可以滑动到针叶基部并得到固定，否则种子会顺着针叶滑落到其他枝条上，或直接落到地面。

云杉矮槲寄生种子的外部包裹有一层白色的槲寄生素外衣，遇水后干的槲寄生素膨大为半透明状具有黏性的胶状物质。种子纵切后观察其胚和胚乳均为绿色，胚的顶端为胚根结构。种子外部无种皮包裹，并在种子的外部发现内果皮，说明内果皮生长在种子和槲寄生素之间，能够随着种子和槲寄生素一起弹射（附图 13）。

种子外包被的黏胶质细胞组织具有很高的保水能力，不仅仅起到附着的作用，可能还在种子弹射及防止病原物侵染等方面起着一定的作用。近年来随着分子生物学的迅速发展，Friedman 等（2010）在种子弹射的分子机制研究方面取得突破，发现矮槲寄生种子弹射的过程与烟草花药脱水异裂的过程极为相似。由于水孔蛋白在水分运输方面起着重要作用，所以在矮槲寄生种子弹射过程中，水孔蛋白也极有可能参与其中并起到至关重要的作用。为了证明水孔蛋白 PIP2 确实存在于矮槲寄生种子内，研究人员通过原位杂交技术，利用在烟草中已经使用的 PIP2 抗体对不同时期、不同生长阶段的矮槲寄生种子进行杂交检测，发现在不同阶段种子的黏胶质细胞的细胞膜上均检测到了 PIP2 蛋白的存在，并且其与烟草花药中的 PIP2 蛋白存在一定的同源关系。同时，PIP2 的表达水平也在果实发育的不同时期有着显著变化。随着矮槲寄生果实的发育，黏胶质细胞中的中央大液泡体积有明显改变，在发育初期能观察到中央大液泡的明显存在，细胞膜上 PIP2 蛋白大量存在，而在近果实成熟期，中央大液泡已不再明显，细胞膜上的 PIP2 蛋白数量也明显减少。进一步的 Western blot 检测得到了一个大约 30~34kDa 的条带，与烟草中的 PIP 蛋白大小相近。PIP2 蛋白的表达水平随着果实成熟而逐渐下降，可能是果实种子弹射机制为了积累液压、防止水分流失的重要调节手段。黏胶质细胞中的中央大液泡为果实内部液压积累提供了水分，在果实成熟中后期能够在液泡周围检测到 PIP2 的存在，也为这一解释提供了充分的证据。

然而目前对于矮槲寄生种子弹射的分子机制研究还非常有限，虽然证实了 PIP 蛋白亚家族确实存在于矮槲寄生果实的黏胶质细胞中，但关于其生理功能还未得到进一步研究，水孔蛋白家族的其他蛋白是否与 PIP 亚家族蛋白共同作用也尚未得到研究证实，矮槲寄生 PIP 基因 cDNA 片段还未克隆得到。由于矮槲寄生属于寄生性植物，难以获取转基因植株，使其相关基因功能的研究存在很大阻碍。

4.3.3　扩散规律

矮槲寄生的种子弹射传播机制及其喜光性生长的生理特性，显著影响着矮槲寄生的发生和传播。作者对青海省仙米林区的云杉矮槲寄生林间分布进行了大量调查，发现云杉矮槲寄生在小班内的空间分布格局是规律性的，即从坡下到坡上，矮槲寄生的种群数量逐渐上升，危害程度也逐渐上升（表 4-4）。从坡下到坡上，健康树木（DMR 0）所占比例由 57.89% 降至 8.02%，同时中度以上（DMR 3 以上）的感病树所占比率明显上升（由 6.58% 至 75.92%）。

表 4-4　从坡下到坡顶云杉矮槲寄生各病级的感病率（胡阳等，2014）

海拔（m）＼病级（感染率）	0	1	2	3	4	5	6
2780	57.89%	19.74%	15.79%	3.95%	1.32%	0.00%	1.32%
2810	53.04%	20.00%	11.30%	8.70%	4.35%	1.74%	0.87%
2840	56.07%	12.14%	6.94%	16.19%	4.62%	1.73%	2.31%
2870	48.19%	6.02%	6.02%	22.89%	10.04%	3.21%	3.61%
2900	33.68%	6.22%	3.63%	31.61%	17.10%	3.63%	4.15%
2930	24.18%	5.23%	1.31%	47.71%	17.65%	1.31%	2.61%
2960	18.02%	13.51%	1.80%	22.52%	42.34%	0.90%	0.90%
2990	8.02%	14.81%	1.23%	37.04%	18.52%	12.35%	8.02%

矮槲寄生－寄主种群的形成和变化情况，根据寄生物及其寄主种类不同，在不同的地域类型和立地条件下会产生出多样性的结果。Hawksworth 等（1996）提出林分结构对于矮槲寄生的发生和分布有一定的影响，矮槲寄生的发生速度和暴发情况在混交林中比纯林中缓慢，在密度较高的林地中比密度低的林地缓慢。一方面矮槲寄生的专性寄生特性使得混交林内非寄主树木不受侵染，一定程度上维持了混交林中感病率和感病程度的稳定；另一方面，矮槲寄生的种子弹射会受到混交林内非寄主树木的遮挡，使其成功落在寄主树木上的概率大大降低，能够让矮槲寄生的扩散速率维持在较低的水平。

针对云杉矮槲寄生及其寄主青海云杉群落的研究发现，云杉矮槲寄生在林间的空间分布格局受地形和林分影响呈现出规律性的特点。在阴坡和半阴坡的针叶林中，矮槲寄生的发生随海拔高度的上升有加剧的趋势，坡上林地较坡中和坡下更易发病。从坡下至坡上，林地的树种组成变化明显。坡下林地（海拔2780~2840m）属于云杉白桦混交林，白桦分布均匀且密度较大，云杉矮槲寄生分布较少，危害较轻；坡中林地（海拔 2870~2930m）林分逐渐从云杉白桦混交林向云杉纯林过渡，白桦分布稀疏，云杉矮槲寄生危害加强；坡上林地（海拔2960~2990m）为云杉纯林，云杉生长粗大且密度较低，云杉矮槲寄生分布密集，危害严重。这种林分组成和树密度的变化与云杉矮槲寄生的空间分布格局相对应。

另外，云杉矮槲寄生在寄主树冠上的分布格局是具有倾向性的。即云杉矮槲寄生优先分布于寄主下层树冠，而后不断向上扩展。云杉矮槲寄生在寄主树冠上每一病级都有一种主要分布组成（图4-5）。除 DMR 0 和 6 只有唯一种组成外，DMR 1 以 1-0-0 的分布为主、DMR 2 以 1-1-0 的分布为主、DMR 3 以 2-1-0 的分布为主、DMR 4 以 2-1-1 的分布为主、DMR 5 以 2-2-1 的分布为主。

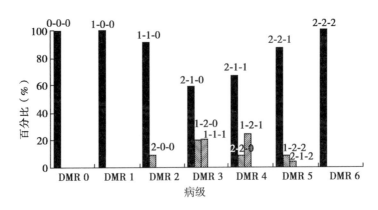

图4-5　各DMR分布的统计结果（胡阳等，2014）

注：柱状图上方的数值代表寄主树冠下—中—上的分级数值，黑色代表该病级的主要分布。

　　横向对比各个病级的主要分布组成情况发现，DMR 1 的寄主全部呈现出下层树冠发病的情况，DMR 1~2（1–0–0 至 1–1–0），矮槲寄生由下层树冠向中层树冠扩展 1 个病级；DMR 2~3（1–1–0 至 2–1–0），矮槲寄生在下层树冠扩展 1 个病级使下层树冠病级达到最大；DMR 3~4（2–1–0 至 2–1–1），矮槲寄生由中层树冠向上层树冠扩展 1 个病级；DMR 4~5（2–1–1 至 2–2–1），矮槲寄生在中层树冠再扩展 1 个病级使中层树冠病级达到最大。可以看出随着感病寄主病级的增大，矮槲寄生由下层树冠向中层树冠扩展，同时下层树冠受到持续危害，下层树冠达最大危害等级后，由中层树冠向上层树冠扩展。DMR 2 到 DMR 5 中还分别包含着一些所占比例较小的次要分布情况，但横向对比各病级的分布情况发现其依然符合矮槲寄生在寄主树冠上自下而上的扩展趋势。

　　国外对矮槲寄生扩散趋势的研究也有类似的结果（Hawksworth *et al.*，1996；Robinson *et al.*，2002；Geils *et al.*，2002）。矮槲寄生在树冠上表现出两种不同的侵染趋势，一种是在扩散至中层树冠后下层树冠病级增加，此时横向扩散速率比垂直扩散速率快；另一种是在扩散至中层树冠后迅速向上层树冠侵染，此时横向扩散速率比垂直扩散速率慢。这种趋势与矮槲寄生的喜光性生长特性密切相关，同时又受到寄主对寄生物承载能力的影响。

　　在林密度较低、透明度较大的林区中，寄主下层树冠能够接受到充分的光照，同时下层树冠因冠幅较大能够承载更多的矮槲寄生植株，因此在这种条件下矮槲寄生会优先在下层树冠生长。而在林密度较高、透明度较低的林区中，树木的层叠和遮蔽会使得中上层树冠比下层树冠能够接受到更多的光照，趋光生长的特性使得矮槲寄生优先向上层树冠蔓延。明确矮槲寄生在树冠上的发病趋势，有利于监测矮槲寄生对寄主甚至整个林区的危害状况，并且能够以 DMR 分级标准来制定相应的营林措施。

第 5 章

矮槲寄生的内寄生系统

5.1　寄生性植物内寄生系统的进化过程

关于寄生性植物的内寄生系统，研究比较清楚的是檀香目中的寄生植物。研究发现，檀香目中的寄生性植物已经进化了5代（Romina *et al.*，2008）（图5-1）。

第一代为根寄生植物，能够侵染寄主的根部并在根部产生寄生芽，例如桑寄生科、山柚子科和檀香科的一些属（图5-1 A）。第二代为根寄生的藤本植物，侵染寄主根部后产生的茎能够攀爬到寄主的枝条上，但在寄主枝条上不产生吸器，包括寄生藤属和山柑藤属（图5-1 B）。一些植物通过侵染寄主根部后产生

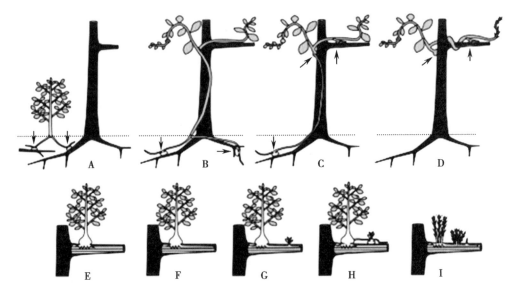

图5-1　檀香目的寄生类型（Romina *et al.*，2008）

注：图中所标记的箭头表示产生吸器的位置。

的茎不仅能攀爬到寄主枝条上，还能产生吸器并侵入到寄主枝条的组织内，从寄主内部吸收营养物质，被视为檀香目寄生植物进化的第三代（图 5-1 C）。第四代为茎寄生的藤本植物，藤本植物的茎接触到寄主的枝条时能够产生根状的初生吸器和次生吸器并侵入到寄主组织中（图 5-1 D）。一些槲寄生科植物能够侵染寄主枝条并产生不同内寄生系统类型，构成了檀香目寄生植物的第五代（图 5-1 E-I），这些植物有的只能产生初生吸器侵入到寄主组织中，而且其产生的内寄生系统只能侵染寄主局部的组织（图 5-1 E）；有的不仅能够产生初生吸器，还能产生皮层根在寄主组织内进行系统性侵染，侵染到寄主枝条的末端，例如 *Misodendrum*、*Englerina* 等属（图 5-1 F）；类似图 5-1 F 中的植物产生的皮层根能在寄主枝条表面分化出寄生芽，例如 *Diplatia*、*Moquiniella* 等属（图 5-1 G）；如 *Viscum* 属的初生吸器和在初生吸器处产生的寄生芽都可以产生类似皮层根的假根，假根在接触寄主时产生次生吸器（图 5-1 H）；如 *Arceuthobium* 属能够产生类似图 5-1 G 的内寄生系统，但是产生的植物为鳞形叶，光合作用能力较弱（图 5-1 I）。以上研究可以说明能够产生内寄生系统的槲寄生是檀香目最进化的类型。

在槲寄生科的 7 个属中，油杉寄生属具有明显的特殊性。进化历程对其内寄生系统和外部系统有着巨大影响，随着进化，矮槲寄生外部系统逐渐退化而内部系统日趋发达。内寄生系统的高度进化主要表现在三个方面：第一，油杉寄生属植物的内寄生系统要比其他相近属发达得多，其穿透寄主表皮的能力以及吸收能力都远高于其他相近物种；第二，矮槲寄生的内寄生系统能够侵染寄主的整个组织，形成系统性侵染，意味着矮槲寄生的内寄生系统可以沿着寄主枝条生长到达枝梢，从而能够从寄主体内抽发出更多的寄生植株，更加有利于繁殖和传播；第三，油杉寄生属的吸根不是完全独立生长的，它的吸根细胞能够与寄主的细胞混合并进行次生生长，这使得矮槲寄生与其寄主的关系变得更加紧密，这个混合结构被称为"侵染射线"（Srivastava *et al.*，1961；Alosi *et al.*，1984）。

5.2 内寄生系统的形成

矮槲寄生成功侵染寄主，需要种子的胚根顶端侵入到寄主的组织内并产生内寄生系统，而侵入过程是内寄生系统建立的前提。矮槲寄生种子萌发后产生胚根，胚根的顶端是高度活跃的分生组织，有向性生长的反应，可以促使胚根向寄主枝条方向生长。胚根顶端一旦接触到寄主枝条的表面，会形成一个圆形的结构，被称为固着器（holdfast）。在固着器的中心位置，分生组织会进行强烈的活动，产生侵染钉，在机械压力的作用下，侵染钉侵入寄主的皮层中，并在寄主组织内生长和分化形成内寄生系统（Kuijt，1960；Scharpf *et al*.，1967）。据观察，矮槲寄生都倾向于侵染幼嫩的寄主枝条，而大多数种类只能侵染 5 年生以内的寄主枝条（童俊等，1983；Sproule，1996；Hawksworth *et al*.，1996）。

在寄生芽产生之前，矮槲寄生一般会在寄主体内潜伏 2~5 年，用于建立和扩展它的内寄生系统。在潜伏期间，矮槲寄生侵染点周围的寄主枝条逐渐膨大，呈梭形结构。寄主枝条在膨大处会生出大量的分枝，被称为丛枝，丛枝上可以产生大量的矮槲寄生芽。膨大枝条产生的时间一般要比寄生芽早至少 1 年。潜伏期的长短取决于矮槲寄生的种类、寄主的种类和不同的环境因素，例如在加拿大不列颠哥伦比亚省，约一半的 *A. tsugense* 在侵染寄主后第二年在寄主枝条上开始产生寄生芽，在第三年又产生 1/3 的寄生芽（Smith，1971）。然而在美国阿拉斯加，*A. tsugense* 侵染寄主后则需要潜伏 3~6 年才能产生寄生芽（Shaw *et al*.，1991）。

云杉矮槲寄生内寄生系统的建立同样经历种子的萌发、固着器与侵染钉的产生和侵入这两个过程。云杉矮槲寄生的种子弹射后，需要成功黏附在寄主的枝条上。在适当的温湿度环境及光照条件下，种子开始萌发，胚根突破内果皮，并向寄主枝条方向生长。在种子萌发和侵入寄主的过程中，可以明显看到胚乳逐渐减少，最后完全消失（附图 14），说明种子的萌发和侵入过程中胚乳被逐渐消耗。

当云杉矮槲寄生的胚根接触到寄主枝条表面时（附图 15 F），在胚根的顶端能够产生一个盘状的膨大结构，称为固着器（附图 15 A）。将固着器进行体外分离和解剖观察，发现其底部向内凹陷（附图 15 B），并且存在一种半透明的丝状物质（附图 15 C），推测这种物质能够帮助固着器贴附在寄主的枝条上。固着器边缘（附图 15 D）和底部（附图 15 E）的细胞能够进行分裂生长，产生楔形的结构，称为侵染钉（附图 15 G）。在寄主组织内能够观察到侵染钉的细胞，说明侵染钉已经穿透寄主的表皮层侵入到寄主组织中（附图 15 H–I）。固着器和侵染钉的产生有助于云杉矮槲寄生成功地侵入寄主。

组织病理学观察发现，当胚根顶端接触到寄主的表皮时，表皮会出现增厚现象（附图 16 A）；侵染钉侵入寄主时，侵染钉最初的侵染点处寄主组织会破碎死亡，而侵染钉仍可转移至其他的侵染点进行再入侵（附图 16 B），这些现象说明寄主对于云杉矮槲寄生的侵入具有一定的抗性反应。同时还发现，侵染钉能够通过挤压致使寄主组织凹陷破碎（附图 16 C）。

5.3　内寄生系统的结构和类型

5.3.1　内寄生系统的结构

在矮槲寄生的潜伏期，侵染钉顶端穿透寄主的皮层、韧皮部和形成层，继续侵入到寄主木质部，形成初生吸器。随后，在初生吸器的周围产生皮层根，皮层根在寄主的皮层内能够向寄主枝条的顶部、基部或四周生长延伸，构成了内寄生系统的基本骨架（Alosi *et al*.，1984；Srivastava *et al*.，1961）。最后，皮层根上产生吸根（又叫次生吸器），吸根向寄主的维管形成层生长，并延伸到寄主的木质部（图 5-2）。

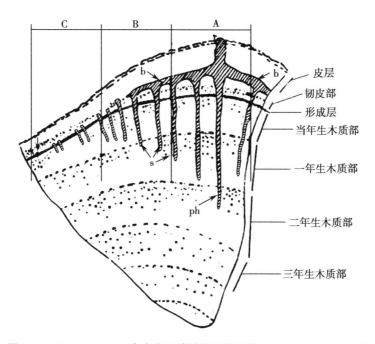

图 5-2　*A. occidentale* 内寄生系统的解剖学观察（Calvin *et al*.，1996）
注：b. 皮层根（bark strand）；ph. 初生吸器（primary haustorium）；s. 吸根（sinker）。

矮槲寄生通过皮层根的延伸在寄主组织内进行生长，皮层根生长尖端为单细胞，一般皮层根细胞的长度是宽度的 2~3 倍，富含浓密的原生质，具有一个巨大而明显的核。生长尖端通过先拉长再横向分裂的方式进行生长。

皮层根的径切观察可以看到明显的紧密排列的细胞结构，即使较老的侧根细胞直径变大的情况下，紧密排列的细胞结构仍然非常典型。只有吸根开始生长的地方这种紧密结构才会有所改变，向外抽发的芽的生长同样也会改变这种紧密排列的细胞结构。研究发现，油杉寄生属的皮层根在寄主组织内能够全年生长（Thoday et al., 1930；Thoday, 1951）。

"吸根（sinker）"的概念最早是由 Solms-Laubach 在 1867 年提出的（Srivastava et al., 1961）。吸根一般由皮层根产生，并穿过寄主的韧皮部和形成层，侵入木质部并沿木射线方向生长。吸根的细胞和木射线的细胞能够相互混合生长形成一个复杂的嵌合体结构，被称作为"侵染射线（infected ray）"。

目前对于吸根的产生方式仍然存在一些争议。Cohen（1954）认为吸根是由皮层根内具有的内源细胞产生的，Kuijt（1960）则认为吸根是由皮层根顶端的单细胞分裂产生，在皮层根到达寄主次生韧皮部时就可以分化产生吸根。而一些学者认为矮槲寄生的皮层根只有接触到寄主的维管形成层时才能产生吸根，如同穗花桑寄生属 Phoradendron 吸根的产生方式（Calvin, 1967）。Hawksworth 等（1996）在综述吸根的产生方式时，认为只要当皮层根接触到寄主的韧皮部时，就能产生吸根。

吸根产生以后的生长方式也存在争论。Srivastava 等（1961）认为当吸根与寄主形成层接触时能够产生居间分生组织，用于协调寄主形成层的活动并促使吸根侵入到寄主木质部；但很多学者认为当吸根从皮层根分化生长出时就已经形成了居间分生组织（Parke, 1951；Cohen, 1954；Kuijt, 1960）。

油杉寄生属吸根的顶端为单细胞，随着生长吸根的长度和宽度都会增加。因此，当从寄主枝条的横向或径向观察时，吸根呈现一个楔形的结构。吸根侵入到寄主木质部后，吸根的细胞和寄主的细胞混合在一起形成复杂的"侵染射线"结构。

"侵染射线"的吸根细胞与寄主细胞通常难以区分，但是学者们还是为区分这两种细胞提供了部分依据（Alosi et al., 1984；Srivastava et al., 1961）。例如，生长在寄主韧皮部的"侵染射线"中能够辨别出 5 种不同类型的细胞，包括寄生物的木质化细胞、薄壁细胞、鞘细胞，以及寄主的蛋白细胞和薄壁细胞；生长在寄主木质部的"侵染射线"中也能够辨别出 4 种不同类型的细胞，包括寄生物的木质化细胞和薄壁细胞，以及寄主的射线管胞和薄壁细胞（图 5-3）。但是，并不是所有上述的细胞都会出现，有的吸根可以在与寄主射线细胞结合之前独自延伸生长，并且不是所有吸根都形成侵染射线（Srivastava et al., 1961）。

由于矮槲寄生通过吸根从寄主内部获取水分和营养物质，因此寄主与矮槲寄生细胞组织间的交互关系成为了研究热点。Srivastava 等（1961）通过研究大量不同种类矮槲寄生的吸根以及其与寄主木质部间的关系，发现油杉寄生属的吸根具有二态性，只有大约 15% 的吸根能够产生木质部，而其中又有少于 50% 的吸

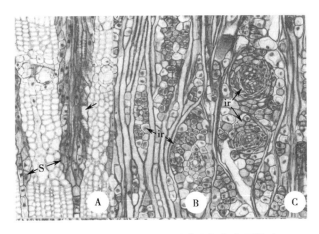

图 5-3　*A.americanum* 侵染 *Pinus contorta* 形成吸根和皮层根（Calvin *et al.*，1996）
注：A. 吸根在寄主木质部内的膨大（S, sinker；横切面，×100），箭头所指为吸根木质部细胞和寄主木质部细胞连接处；B–C. 在寄主皮层形成的侵染射线（ir, infected ray；弦切面，×100）。

根能与寄主进行木质部与木质部之间的连接，说明大部分吸根并没有与寄主建立直接的木质部连接。

众所周知，植物体通过共质体途径进行细胞之间的物质交换是较为常见的方式。例如 Coetzee（1987）观察 *Euphrasia* 属植物（玄参科 Scrophulariaceac）与其寄主的细胞壁呈现不规则的向内生长，并且存在胞间连丝，认为二者间物质交换存在共质体途径。寄主细胞与寄生物细胞之间需要相互连接并进行物质交流，因此一些研究者猜测在矮槲寄生与寄主细胞间也可能产生某种共质体途径。

通过解剖学观察发现，油杉寄生属与松柏科寄主之间不存在共质体途径（Alosi *et al.*，1985；Alosi，1979）。油杉寄生属与寄主之间是通过管状细胞间的连接来实现水分和营养物质的转移，这可能是槲寄生科植物从寄主吸取水分和营养物质的最主要方式。但是由于少数矮槲寄生的吸根是直接木质化的，缺乏与侧根之间维管形成层和韧皮部的连接。因此一些矮槲寄生与其寄主间可能存在相邻薄壁细胞的细胞壁连接，用于补充水分和进行营养物质的吸收。Coetzee 等（1987，1989）在观察栗寄生属 *Korthalsella* 植物水分和营养物质吸收的过程中，佐证了这种可能性。

5.3.2　局部侵染和系统侵染

矮槲寄生侵入寄主以后，根据所产生的内寄生系统在寄主组织内延伸的距离不同，将侵染分两种类型：局部侵染和系统侵染。局部侵染（localized infection）是指矮槲寄生的侵染局限在侵染点的附近，并引起侵染点周围的寄主枝条形成梭形的膨大，梭形膨大的程度取决于内寄生系统在寄主内部轴向延伸的距离（Shea，

1957），例如 *A. campylopodum* 侵染寄主所形成的内寄生系统只在膨大区域 3cm 以内的寄主组织中存在（Scharpf，1962）。一般情况下，内寄生系统向寄主枝条基部延伸的距离比向顶部延伸的距离长三分之一。在穗花桑寄生属 *Phoradendron* 中也存在同样的现象（Calvin *et al.*，1991），推测这种发育模式可能是局部侵染中的基本模式。矮槲寄生的寄生芽只能生长在寄主枝条的膨大区域以及从膨大区域萌生出的丛枝上。在合适的寄主上，所有矮槲寄生都可以形成局部侵染。

系统侵染（systemic infection）又称同步侵染，指的是矮槲寄生的内寄生系统可以侵染寄主的整个枝条，内寄生系统向寄主顶部可以延伸到枝条的初生组织甚至芽中（Thoday *et al.*，1930；Kuijt，1960），而向枝条基部延伸的距离目前尚不确定，但是被认为要比向枝条顶部延伸的距离短。典型的系统侵染通常不使枝条膨大，但是会导致枝条变长和下垂。系统侵染时寄主枝条上能否产生矮槲寄生的寄生芽取决于寄主枝条的年龄，通常在 5 年生以上的寄主枝条上很少产生寄生芽。

系统侵染被认为是矮槲寄生的一种更为进化的侵染策略。与局部侵染相比，系统侵染产生的丛枝具有更强的适应能力，主要表现在一个枝条上就能产生出更多的矮槲寄生花、果实和种子。目前所知的能够持续性产生系统性侵染的矮槲寄生包括生长在新大陆的 *A. pusillum*、*A. douglasii*、*A. guatemalense* 和 *A.americanum*，以及生长在旧大陆的 *A. minutissimum*、*A. tibetense*、*A. chinense* 和 *A.sichuanense*。

系统侵染和局部侵染是油杉寄生属的两个形态学变化，决定矮槲寄生以哪种形态出现的因素还不甚明确。可以肯定的是，矮槲寄生种类、寄主种类和最初的侵染位置是决定产生系统侵染或局部侵染的关键因素（Kuijt，1960）。也有人认为，寄生关系的起始发育是来自寄主枝条的初生组织还是次生组织，可能是影响内寄生系统类型的原因之一（Alosi *et al.*，1984）。

皮层根在寄主枝条内的生长范围受到内寄生系统侵染类型的影响。在局部侵染中，皮层根只生长在或大部分生长在寄主枝条次生韧皮部外围（Sadik *et al.*，1986）；而在系统性侵染中，皮层根则生长在寄主枝条的初生组织中，并能够出现在寄主内皮层、初生韧皮部以及临近原始形成层的区域中（Alosi *et al.*，1984）。两种内寄生系统类型的吸根在木质部的发育形态基本相似，都会与寄主木质部筛管嵌合形成"侵染射线"。

5.4　云杉矮槲寄生的内寄生系统

云杉矮槲寄生 *A.sichuanense* 产生的侵染钉侵入寄主后会存在一段时间的潜伏期。此时在侵染点周围的寄主枝条开始逐渐膨大呈梭形结构，预示着云杉矮槲寄生侵染成功并与寄主建立了寄生关系。与相邻同年生枝条非膨大部位相比，寄主枝条膨大部位内部的皮层细胞数量显著增加，但细胞大小无明显差异。在潜伏期间，云杉矮槲寄生内寄生系统的皮层根和吸根开始逐渐地建立和扩展（附图17，附图18）。

5.4.1 皮层根的建立与扩展

当云杉矮槲寄生的种子成功萌发并顺利形成侵染钉后，会向寄主皮层方向生长并穿透寄主的皮层，侵入韧皮部和形成层，到寄主的木质部后分化形成一个楔形结构——云杉矮槲寄生的初生吸器（附图19 A）。生长在皮层中的初生吸器，靠近寄主次生韧皮部的部分，其外层的细胞能够通过分裂分化形成云杉矮槲寄生的皮层根，并且沿着寄主皮层横向和纵向生长。随着皮层根的生长，横切面上逐渐形成一个以小细胞为核心，周围被较大的细胞围绕的圆形结构，并且其内部的小细胞逐渐木质化(附图19 B)。并排紧密生长且排列规则的皮层根细胞形状细长，其长度大约是宽度的2~4倍（附图19 C）。在寄主两年生枝条与三年生枝条之间的节上观察到云杉矮槲寄生芽时，皮层根已经延伸至寄主两年生枝条的皮层中，推测云杉矮槲寄生能够进行系统侵染（附图19 D–E）。

生长到一定阶段的皮层根，其尖端的细胞，特别是延伸到寄主形成针叶部位的皮层根尖端细胞，可以沿着形成针叶的维管束方向穿过寄主皮层细胞间隙向寄主的表皮层方向生长（附图20 A–B，附图21 A）。随后穿透寄主的表皮层，到达寄主的外部，进而分化形成寄生芽（附图20 C–E）。生长靠近的两个皮层根可以在同一位置各自产生寄生芽，并且这两个寄生芽可以相互重叠生长（附图20 F）。

从寄主枝条的径切面观察，发现皮层根产生寄生芽的方式类似于"外 J 形"结构（附图21），并且在皮层根延伸方向的寄主皮层内发现该皮层根完全消失（附图20 D–E），说明每一段皮层根极有可能只有抽发产生一次寄生芽的能力。当皮层根顶端的细胞由内向外接触到寄主表皮层时，表皮层也会出现加厚的现象(附图21 B)。

皮层根在寄主皮层内延伸的过程中，其最外层的细胞能够进行分裂生长，形成新的皮层根，并通过不断地分裂而形成庞大的皮层根网状系统，使得云杉矮槲寄生的内寄生系统变得更加的复杂（附图22 A–C）。所分化生长出的新皮层根也能够穿透寄主的表皮层产生新的寄生芽，以便于在寄主枝条上萌发出大量的寄生芽（附图22 D）。

5.4.2　吸　根

云杉矮槲寄生的皮层根在接触或靠近寄主的次生韧皮部时，皮层根最外层的细胞能够分化形成吸根。随着吸根的不断生长，吸根呈楔形逐渐增粗（附图 23）。

云杉矮槲寄生吸根的尖端一般为单细胞，能够定向地穿透寄主的皮层、韧皮部和形成层侵入到寄主的木质部，并沿着寄主的韧皮射线和木射线方向生长。吸根在延伸过程中会挤压寄主的木质部细胞，并能够延伸到寄主的髓部。云杉矮槲寄生侵染青海云杉，在寄主木质部内吸根细胞也能与寄主细胞相混合，形成"侵染射线"（附图 24）。

5.4.3　云杉矮槲寄生的系统性侵染

尽管通过组织切片发现两年生枝条中存在云杉矮槲寄生的内寄生系统，但并未在当年生枝条中观察到内寄生系统组织的侵染。由于云杉矮槲寄生发育周期较长，为进一步明确"健康"的枝条中是否有矮槲寄生细胞的存在，进而判断云杉矮槲寄生内寄生系统是否属于系统性侵染，作者研发了基于 RT-PCR 及 LAMP 技术的云杉矮槲寄生分子检测技术。

作者在青海省门源县仙米林区受云杉矮槲寄生侵染的青海云杉林地内，采集了 19 个感病枝条的不同枝段、30 个感病枝条的顶芽和 20 个无症状一年生枝（二年生枝常有寄生芽出现），分别提取样品的 DNA，利用 Real-Time PCR 及 LAMP 两种方法进行分子检测（表 5-1，表 5-2）。在感病枝条的顶芽、无症状的一年生及二年生枝条内都能检测到云杉矮槲寄生基因片段，表明云杉矮槲寄生内寄生系统的生长速度可以与寄主新梢生长同速，证实了云杉矮槲寄生具有系统性侵染的特性。

表 5-1　对 19 个感病枝段的不同枝段的检测（赵瑛瑛，2016）

寄生芽着生位置	枝条总数	着生寄生芽枝条数	Real-Time检测结果		LAMP检测结果	
			阳性	阴性	阳性	阴性
一年生枝	19	0	14	5	14	5
二年生枝	19	0	17	2	17	2
三年生枝	19	3	17	2	17	2
四年生枝	19	15	18	1	17	2

表 5-2　对 30 个感病枝条的顶芽和 20 个无症状一年生枝的检测（赵瑛瑛，2016）

样品类型	枝条总数	Real-Time检测结果		LAMP检测结果	
		阳性	阴性	阳性	阴性
一年生枝条	20	20	0	20	0
顶芽	30	28	2	28	2

第 **6** 章

矮槲寄生的危害、影响和价值

矮槲寄生作为寄生性种子植物，其生长和繁殖需要从寄主吸取水分和必要的营养物质。作为病原体，与寄主的互作关系会改变寄主的生理和形态。这种寄生关系对寄主最直接的影响就是减少了寄主的径生长和高生长，降低了寄主的生存能力、生殖能力以及健康状况。矮槲寄生侵染后产生的大量丛枝，破坏了寄主养分和水分的转运平衡，对寄主的健康造成持续的不良影响，最终导致树冠枯死和寄主死亡。在矮槲寄生长期危害、种群数量显著增加的地区，矮槲寄生对树木的累积损害能够对林区生态、植物群落、进化程度等方面产生多样性的影响。

6.1 矮槲寄生与寄主的生理学

关于矮槲寄生与其寄主的生理学关系方面的研究，主要集中在矮槲寄生与寄主间的水分运输、光合作用、寄主与寄生物之间的碳运输和寄主与寄生物间的生长调控因子等。寄主与寄生物的生理学过程包括生长调节激素的转运、吸收，以及水、营养物质（C、N 等）的吸收与再分配两个方面（Livingston *et al.*，1984；Rey *et al.*，1991；Snyder *et al.*，1996）。

矮槲寄生侵染的病理学症状主要体现在被侵染的枝干上，包括枝干膨大畸变、针叶变小变细、产生扫帚状丛枝、树冠衰亡等现象，最终的结果是导致寄主死亡。研究发现，在形成扫帚状丛枝的寄主枝条上，细胞分裂素和吲哚乙酸含量较高，而脱落酸水平较低。矮槲寄生的细胞分裂素水平是其寄主的 2~10 倍（Knutson *et al.*，1979；Livingston *et al.*，1984）。细胞分裂素和吲哚乙酸水平的共同上升或单一因素增长，都可能会打乱被感染枝条分生组织的顶端优势，从而允许侧生枝条的生长，引起丛枝（Mathiasen，1996）。目前尚不明确究竟是矮槲寄生产生了相应激素，还是矮槲寄生刺激寄主改变其相应激素水平。

　　矮槲寄生比其寄主具有更高的呼吸速率和细胞质渗透浓度，从而使水分和其他营养物质得以从寄主向矮槲寄生侵染部位高速汇集。早期的研究发现，矮槲寄生细胞液渗透压浓度平均值大约为 –19.5 每单位，而其寄主的渗透压浓度平均值大约为 –17.5 每单位。所以，即便其寄主处于干旱缺水的生长环境中，这种渗透压浓度的差异也能够为矮槲寄生提供持续的水分运输压力，但是这种浓度差异也可能限制矮槲寄生在其寄主上的分布，寄生物将不能在寄主体内高渗透压浓度的部位生长。

　　养分的移动构成了矮槲寄生和其寄主之间的"源—库"关系，同时寄主体内糖分、氨基酸和有机胺类也被矮槲寄生不断地侵占，这些都严重影响了寄主的生活力。随着矮槲寄生的不断生长，越来越多的养分和水分从寄主转移至受侵染的枝条，造成了寄主枝干的生长量的降低，营养供应不足导致落叶和枝条枯死。当寄主的叶片总量已经减少至不能维系供给寄主–寄生物最低光和产物量的时候，寄主将停止生长并最终死亡（附图 25）。

6.1.1　矮槲寄生对不同寄主针叶和当年生枝的影响

　　虽然与槲寄生科其他的种类相比，矮槲寄生的植株更加矮小、叶片也更为狭小，但它们却对寄主的形态变化、水分关系和营养状况有着很大的影响（Fisher，1983；Wilson et al.，1996；Logan et al.，2002；Sala et al.，2001；Geils et al.，2002）。关于不同生态系统和众多物种的综合研究都表明，植物叶片的多种性状之间存在着十分紧密的联系（Reich et al.，1992；Wright et al.，2002a；Wright et al.，2002b；吴琴等，2010），叶性状指标（叶片比叶面积，光合作用能力，暗呼吸，气体交换性状，叶片氮含量和磷含量）之间均呈正相关（Wright et al.，2004）。因此常常都是通过寄主植物叶片的多种性状变化来评估矮槲寄生的危害，如 A. americanum 和 A. douglasii 对寄主黑松、冷杉、落叶松、铁杉的影响（Wanner et al.，1986；Sala et al.，2001；Logan et al.，2002；Meinzer et al.，2004）。

　　当寄主植物受侵染后，其针叶的氮含量降低而导致其水分利用效率降低的现象，应该是矮槲寄生侵染针叶树寄主表现出的普遍反应（Sala et al.，2001；Meinzer et al.，2004）。然而寄主受侵染部位附近针叶形态的变化与其生理指标（如叶氮浓度等）变化之间的关系，一直存在着争议。

　　大量文献都报道了受矮槲寄生危害的寄主在叶片水平上形态和生理方面的改变，包括黑松、黄松等寄主受 A. globosum、A. americanum 侵染而导致枝干上生长出更为短小且黄化的针叶（Hawksworth，1961a；Hawksworth *et al.*，1989），以及感病叶片氮含量降低等生理变化（Evans *et al.*，1987；Cechin *et al.*，1993；Robinson，1997；Logan *et al.*，1999）。这些现象被认为是寄主受到寄生植物氮胁迫的结果，寄主氮浓度的降低将严重降低针叶的光合能力和光合产物，致使受侵染枝干在养分缺失的情况下只能生长出更为短小的叶片。

Logan 等（2002）研究发现被 *A. pusillum* 侵染的 *Picea glauca*（white spruce）针叶虽然形态发生了严重改变，如针叶变得更短、鲜重更轻、比叶面积明显增加，但其针叶氮浓度和光合能力却没有改变。同样 Reblin 等（2006）在研究中发现，*A. pusillum* 的侵染使其主要寄主 *Picea rubens*（red spruce）和 *Picea glauca*（white spruce）的针叶形态都变得更加短小，但受害后两种寄主的针叶氮浓度和光合能力均没有发生改变。虽然 *A.pusillum* 相对其寄主针叶具有更高的氮含量，明显存在着对其寄主的氮侵占现象，但仅从 *A.pusillum* 对养分大量侵占和消耗的角度无法对其感病寄主针叶形态变小的现象做出合理的解释。

由于矮槲寄生对寄主的选择具有极强的专属性，寄主对不同种类矮槲寄生的侵染所产生的响应并不相同，因此不同种类间的“矮槲寄生—寄主”系统的互作关系并不一致。同时，调查试验还会受到环境因素或取样时期等诸多因素的影响，这些都增加了寄生物与寄主互作关系研究的困难程度。

不同树龄的青海云杉、紫果云杉、青杆在受到云杉矮槲寄生的侵染后，其针叶形态、当年生枝的发育等均产生明显的变化。主要表现为：①成龄和幼龄的青海云杉、紫果云杉及青杆受害后，其针叶和当年生枝的生长量显著降低；②云杉矮槲寄生的侵染导致寄主呼吸速率、水分利用率及光合作用水平降低。

作者在青海省黄南藏族自治州麦秀林区，对树高和胸径没有显著差异的青海云杉和紫果云杉的严重受害树（DMR 4~6 级）和对应健康树的针叶样品、枝条样品和矮槲寄生植株样品进行收集，分析了云杉矮槲寄生侵染后，健康云杉和感病寄主的针叶、枝条生长量的变化。发现云杉矮槲寄生的侵染对青海云杉和紫果云杉的针叶生长量均产生了较大影响，未感病枝（健康树枝和受侵染树未发病枝）上的针叶均比相应的受侵染枝上针叶更长、针叶鲜重和干重更大（$P<0.001$），二者受侵染枝上针叶均比各自健康树上针叶更短、更小、更轻（$P<0.001$）（图 6-1）。

云杉矮槲寄生的侵染对青海云杉、紫果云杉两种寄主当年生枝的生长量均产生了较大影响。寄主受侵染枝上的当年生枝的长度、直径均小于对应的健康枝（健康树枝和受侵染树未发病枝）（$P<0.05$），长度分别减少了 63.68% 和 46.80%，直径分别减少了 48.45% 和 30.75%（图 6-2）。

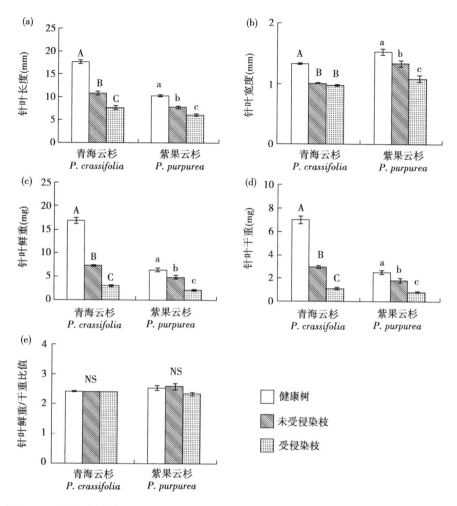

图 6-1　青海云杉和紫果云杉受云杉矮槲寄生侵染后针叶生长量的变化（夏博，2011）

注：A，B，C 表示青海云杉各枝干类型之间差异显著性；a，b，c 表示紫果云杉各枝干类型之间差异显著性（ANOVA & Tukey，$P<0.05$）。

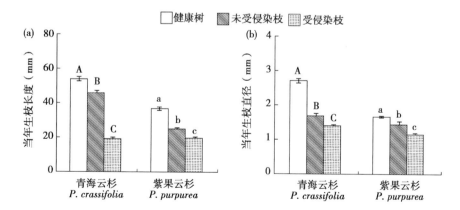

图 6-2　青海云杉和紫果云杉受云杉矮槲寄生侵染前后当年生枝生长量的变化（夏博，2011）

注：A，B，C 表示青海云杉各枝干类型之间差异显著性；a，b，c 表示紫果云杉各枝干类型之间差异显著性（ANOVA & Tukey，$P<0.05$）。

　　云杉矮槲寄生的侵染对成龄、幼龄的健康和受害青海云杉寄主当年生枝、针叶的生长量均产生了很大影响。受侵染的寄主针叶均比健康寄主（健康树枝和受侵染树未发病枝）更小、更细，鲜重和干重更低（图6-3），当年生枝更短、直径更小（图6-4）。

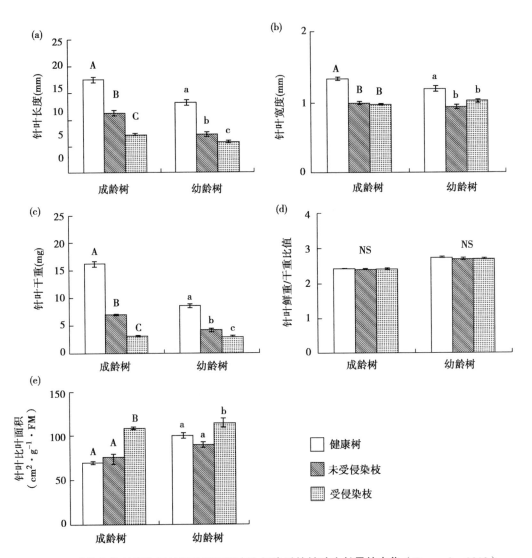

图 6-3　成龄和幼龄青海云杉受云杉矮槲寄生侵染后的针叶生长量的变化（Xia *et al.*，2012）

注：A，B，C 表示成龄青海云杉各类型之间的差异显著性；a，b，c 表示幼龄青海云杉各类型之间的差异显著性（ANOVA & Tukey，*P*<0.05）。

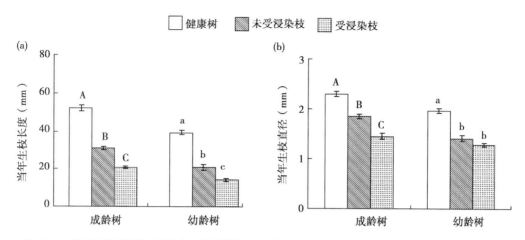

图 6-4　成龄和幼龄青海云杉受云杉矮槲寄生侵染后当年生枝的生长量变化（Xia *et al.*，2012）
注：A，B，C 表示成龄青海云杉各类型之间的差异显著性；a，b，c 表示幼龄青海云杉各类型之间的差异显著性（ANOVA & Tukey，*P*<0.05）。

6.1.2　对寄主水分和养分利用的影响

水分和氮素是植物生命的重要来源，与其生理过程密切相关。能否对水分资源和氮素资源进行有效的利用，在一定程度上对植物的生长、存活和分布产生了至关重要的影响。因此国内外在叶片水平上对植物水分利用效率（Water-use efficiency，WUE）进行了大量研究。叶片的水分利用效率分为内部水分利用效率（WUE_i）和蒸腾效率（WT）（曹生奎等，2009）。叶片内部的水分利用效率（WUE_i）被定义为光合作用率与蒸腾率的比值；蒸腾效率（WT）则可以用瞬时水分利用效率（WUE_T）和长期水分利用效率（WUE_L）来表达。由于瞬时水分利用效率更多情况下只反映了植物瞬时或短期内的相关生理状况，因此在解释植物长期生理变化的进程中，经常需要采用长期水分利用效率进行研究（陈世苹等，2002）。

叶片水平上的生理平衡是由长期水分利用效率和长期氮素利用效率之间最优化分配的张力控制的，尤其是在外界水分或氮素变化的情况下，这种平衡可能导致物种生存策略的差异。植物的生存在受到环境条件限制的情况下，会将最受限制的资源利用效率提高到最大，同时将降低相对不受限制的资源利用效率。在潮湿的气候条件下，植物会降低其水分利用效率而将其长期氮素利用效率提高到最佳状况以适应环境；而在水因子受到限制的干旱条件下，植物会提升自身的水分利用效率而降低氮素利用效率以保证水分的优先供给，即在一定条件下植物的长期水分利用和氮素利用存在着权衡现象（Livingston *et al.*，1999；Patterson *et al.*，

1997；Chen et al.，2005）。

植物叶片的碳氮比 C/N 一直被用作衡量其长期氮素利用效率（Nitrogen-use efficiency，NUE）的指标（Livingston et al.，1999）。稳定碳同位素比值（$\delta^{13}C$）可以作为揭示植物长期光合反应和新陈代谢的一种有效指标（Farquhar et al.，1982；Farquhar et al.，1989）。由于 $\delta^{13}C$ 和植物长期水分利用效率之间的强相关性，$\delta^{13}C$ 的测定目前被认为是计算 C_3 植物长期水分利用效率最有效的技术手段。

Sala 等（2001）研究发现，受 Arceuthobium douglasii 侵染 Pseudotsuga menziesii（douglas fir）的针叶氮浓度和 $\delta^{13}C$ 值均明显降低，而受侵染植株的整体耗水量却没有发生改变。而受 Arceuthobium laricis 侵染的 Larix occidentalis（western larch）叶片氮浓度未发生明显变化，但其叶片的 $\delta^{13}C$ 值大幅度降低，同时受侵染植株的整体耗水量却大幅度增加。Meinzer 等（2004）发现受 Arceuthobium tsugense 严重侵染的 Tsuga heterophylla（western hemlock）针叶氮浓度、最大光合速率和 $\delta^{13}C$ 值均明显降低，但受侵染寄主的整株耗水量却没有明显降低。可见不同矮槲寄生对不同寄主植物的侵染使寄主植物产生不同的生理反应。不同的矮槲寄生—寄主系统间可能存在着不同的互作关系。在长期的进化过程中，不同种类的矮槲寄生与其寄主之间可能构成了各自独特的生理适应特性。

作者对健康的以及受云杉矮槲寄生侵染的青海云杉、紫果云杉针叶的叶氮浓度、$\delta^{13}C$ 值、C/N 和 $\delta^{15}N$ 值，以及相应的云杉矮槲寄生植株的氮浓度、$\delta^{13}C$ 值和 $\delta^{15}N$ 值的测定和对比发现，受云杉矮槲寄生侵染的青海云杉和紫果云杉，针叶氮浓度、碳氮比值和 $\delta^{13}C$ 值均有显著改变；青海云杉和紫果云杉受侵染枝上的针叶氮浓度、$\delta^{13}C$ 均比相应的健康寄主（健康树枝和受侵染树未发病枝）显著下降（$P<0.05$）（表 6-1）；而受云杉矮槲寄生侵染的不同树龄的青海云杉，针叶氮浓度、$\delta^{13}C$ 值均比健康寄主（健康树枝和受侵染树未发病枝）显著下降（$P<0.05$）（表 6-2）。

被云杉矮槲寄生侵染的寄主针叶氮浓度和 $\delta^{13}C$ 值都明显降低（$P<0.001$），针叶也明显变小，推测是被害枝条上针叶水分和氮素的缺失导致其生长量的大幅降低。寄主受侵染枝上针叶氮浓度和 $\delta^{13}C$ 值的降低，意味着其针叶光合能力的减弱，必将导致寄主受侵染枝光合产物的减少。随着寄主受侵染级别的增加，受侵染枝和死亡枝所占比率随之增加，寄主整体所产生的总碳水化合物降低。在寄主的总枝干量不变或由于产生大量丛枝而增多的情况下，未受侵染枝上生长出更短小的针叶及当年生枝，体现了寄主树体为适应养分胁迫的而采取的保护策略。

表 6-1　青海云杉和紫果云杉健康树和受云杉矮槲寄生侵染树上的针叶主要生化指标（夏博，2011）

主要生化指标	树种	健康树	受侵染树	
			未受侵染枝	受侵染枝
N（mg·g$^{-1}_{DM}$）	青海云杉	10.29 ± 0.17^{aB}	9.88 ± 0.13^{aNS}	9.27 ± 0.15^{bNS}
	紫果云杉	11.03 ± 0.25^{aA}	10.43 ± 0.40^{abNS}	9.56 ± 0.37^{bNS}
C/N	青海云杉	53.14 ± 0.91^{bA}	54.87 ± 0.69^{bNS}	58.03 ± 0.94^{aNS}
	紫果云杉	49.73 ± 1.08^{bB}	52.85 ± 2.16^{abNS}	57.55 ± 2.37^{aNS}
δ^{13}C（‰）	青海云杉	-28.41 ± 0.19^{aB}	-28.46 ± 0.12^{aNS}	-29.66 ± 0.23^{bNS}
	紫果云杉	-26.63 ± 0.15^{aA}	-28.14 ± 0.27^{bNS}	-29.10 ± 0.23^{cNS}
δ^{15}N（‰）	青海云杉	-5.37 ± 0.18^{nsB}	-5.31 ± 0.12^{nsB}	-5.23 ± 0.11^{nsB}
	紫果云杉	-4.23 ± 0.27^{nsA}	-4.37 ± 0.19^{nsA}	-4.14 ± 0.17^{nsA}

注：A 表示青海云杉和紫果云杉相应各数值之间的差异显著性（独立样本 t 检验方法，$P<0.05$），a 表示健康树，受侵染树上的未受侵染枝和受侵染枝三者之间的差异显著性（ANOVA & Tukey，$P<0.05$）。

表 6-2　寄生于青海云杉和紫果云杉的云杉矮槲寄生的主要生化指标（夏博，2011）

主要生化指标	寄生于青海云杉上的云杉矮槲寄生	寄生于紫果云杉上的云杉矮槲寄生
N（mg·g$^{-1}_{DM}$）	21.91 ± 0.08^{a}	20.65 ± 0.08^{a}
δ^{13}C（‰）	-30.01 ± 0.20^{a}	-30.13 ± 0.16^{a}
Δδ^{13}C（‰）	-0.35 ± 0.19^{a}	-1.03 ± 0.20^{b}
δ^{15}N（‰）	-5.52 ± 0.13^{b}	-4.60 ± 0.17^{a}

注：a 表示寄生于青海云杉和紫果云杉上的云杉矮槲寄生之间主要生化指标的差异显著性（独立样本 t 检验方法，$P<0.05$）。Δδ^{13}C（‰）$=$ δ^{13}C$_{矮槲寄生}$ - δ^{13}C$_{寄主}$（Küppers，1992）。

　　成龄和幼龄受害青海云杉的针叶氮浓度和 δ^{13}C 值明显降低（$P<0.001$）（表6-3），受侵染针叶形态和当年生枝生长量也急剧变小。成龄和幼龄青海云杉的受侵染枝受到养分和水分的双重胁迫，这是其针叶长度、生物量和当年生枝生长量严重降低的主要原因。成龄和幼龄寄主受侵染株上未受侵染枝的针叶氮浓度和δ^{13}C 值与健康寄主相比均未发生明显变化（$P>0.05$），但其长度、生物量以及当年生枝生长量却发生了明显降低现象。这也许与矮槲寄生侵染导致寄主整体活力的降低和树体养分转运的不平衡有关。

表6-3　成龄和幼龄青海云杉健康树和受侵染树上的针叶主要生化指标（夏博，2011）

主要生化指标	树龄	健康树	受侵染树	
			未受侵染枝	受侵染枝
N（mg·g$^{-1}_{DM}$）	成龄树	10.4 ± 0.2^{aB}	9.8 ± 0.2^{abB}	9.2 ± 0.3^{bNS}
	幼龄树	12.2 ± 0.2^{aA}	11.4 ± 0.3^{aA}	9.7 ± 0.3^{bNS}
C/N	成龄树	52.85 ± 0.79^{nsA}	55.42 ± 1.21^{nsA}	53.06 ± 0.53^{nsB}
	幼龄树	45.8 ± 0.7^{aB}	49.5 ± 1.2^{aB}	58 ± 1.9^{bA}
$\delta^{13}C$（‰）	成龄树	-28.49 ± 0.25^{aNS}	-28.52 ± 0.25^{aNS}	-29.59 ± 0.37^{bNS}
	幼龄树	-28.56 ± 0.11^{aNS}	-28.65 ± 0.23^{aNS}	-29.54 ± 0.16^{bNS}
$\delta^{15}N$（‰）	成龄树	-5.04 ± 0.18^{nsA}	-5.0 ± 0.29^{nsA}	-5.2 ± 0.19^{nsA}
	幼龄树	-6.99 ± 0.33^{nsB}	-7.3 ± 0.42^{nsB}	-7.3 ± 0.29^{nsB}

注：A表示成龄和幼龄树相应各数值之间的差异显著性（独立样本t检验方法，$P<0.05$），a表示健康树、受侵染树上的未受侵染枝和受侵染枝三者之间的差异显著性（ANOVA & Tukey，$P<0.05$）

表6-4　寄生于成龄和幼龄青海云杉上的云杉矮槲寄生的主要生化指标（夏博，2011）

主要生化指标	寄生于成龄寄主的云杉矮槲寄生	寄生于幼龄寄主的云杉矮槲寄生
N（mg·g$^{-1}_{DM}$）	22.10 ± 1.34^{a}	26.37 ± 0.83^{b}
$\delta^{13}C$（‰）	-30.00 ± 0.19^{a}	-30.41 ± 0.2^{a}
$\Delta\delta^{13}C$（‰）	-0.41 ± 0.31^{a}	-0.86 ± 0.14^{a}
$\delta^{15}N$（‰）	-5.52 ± 0.32^{a}	-7.68 ± 0.36^{b}

注：a表示寄生于成龄和幼龄青海云杉上的云杉矮槲寄生之间主要生化指标的差异显著性（独立样本t检验方法，$P<0.05$）。$\Delta\delta^{13}C$（‰）$=\delta^{13}C_{矮槲寄生} - \delta^{13}C_{寄主}$（Küppers，1992）

　　寄主植物生长量降低和叶片形态改变的主要原因是受到寄生植物氮胁迫所致。在对槲寄生植物（Viscaceae）与寄主生理互作关系的研究中，Fisher（1983）提出的假说认为：生存环境对矮槲寄生所采取的吸氮机制具有很大的影响，在水分不是限制因子的环境中，寄生植物的呼吸速率与其寄主相似；而当矮槲寄生和其寄主均受到水分胁迫时，寄生物则能以高于其寄主几倍的呼吸速率来获取营养。

　　Schulze等（1984）认为槲寄生是依靠更高的呼吸速率从其寄主的木质部液流中竞争获取营养物质（尤其是氮）。这一假设在之后得到了证实，Schulze（1991）对非洲干旱地区的槲寄生（Loranthus属，Viscum属）与寄主之间的养分流动机制进行了详细研究，发现槲寄生与寄主的$\delta^{15}N$具有极强的相关性，二者之间的差值仅为0.65‰，且显示出槲寄生呼吸速率高于寄主的现象。然而，Panvini等

（1993）和 Bannister 等（1989，2001）对大洋洲的 41 组"槲寄生—寄主"的研究发现，槲寄生比其寄主具有更低的呼吸速率，认为在水分对二者并不构成限制因子的潮湿气候条件下，槲寄生可以依靠更低的渗透压而不是更高的呼吸速率，以从寄主获得充足的水分和养分。

作者对比云杉矮槲寄生植株与寄主的生理指标发现，寄生于青海云杉和紫果云杉上的云杉矮槲寄生氮浓度（21.91mg·g⁻¹ vs. 20.65mg·g⁻¹）分别是其寄主（9.27mg·g⁻¹ vs. 9.56mg·g⁻¹）的 2.4 和 2.2 倍，寄生于成龄和幼龄青海云杉上的云杉矮槲寄生 N 含量（22.10mg·g⁻¹ vs. 26.37mg·g⁻¹）分别比各自的寄主（9.2mg·g⁻¹ vs. 9.7mg·g⁻¹）高了 2.4 和 2.7 倍（表 6-1 至表 6-4）。对采集地附近的紫果云杉林地内所采集的样品分析，发现寄生于紫果云杉的云杉矮槲寄生同样存在类似的高氮含量现象。

云杉矮槲寄生与不同种类、不同树龄寄主的 $\delta^{15}N$ 均呈显著正相关，并且二者之间的差值极小（图 6-5），说明云杉矮槲寄生是以同寄主相似的呼吸速率从寄主吸取以氮素为主的营养物质；而云杉矮槲寄生的氮浓度远高于寄主水平，说明矮槲寄生的氮素几乎全部来源于寄主。

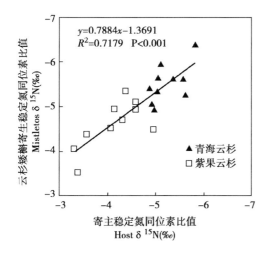 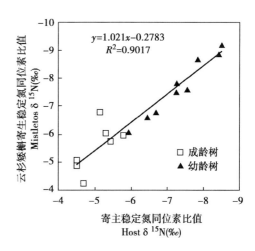

图 6-5　云杉矮槲寄生与不同寄主树种之间 $\delta^{15}N$ 值的关系（夏博，2011）
注：左图，青海云杉和紫果云杉，$y=0.7884x-1.3691$，$R^2=0.7179$，$P<0.001$；右图，成龄青海云杉和幼龄青海云杉，$y=1.021x-0.2783$，$R^2=0.9017$，$P<0.001$。

通常认为受槲寄生植物侵染后，寄主水分利用效率的降低是导致寄主树木死亡的主要原因。Schulze 等（1984）和 Dobbertin 等（2006）都报道过在干旱年份里受槲寄生侵害的树木大量死亡的案例，并认为是寄生物在干旱时争夺水分加剧了被害寄主的死亡。同时，附近的健康树很可能在水分受限的情况下对受害树构成水分的竞争（Meinzer et al., 2004）。这些直接或间接的水分胁迫都可能降低受害寄主的树势，进而导致受害寄主的未受侵染枝上针叶形态和当年生枝生长量变小。

受害寄主针叶 δ ^{13}C 值的降低是受害寄主的普遍反应，寄生物与寄主二者之间的叶 δ ^{13}C 差值一贯被用作衡量二者水分利用关系的参数。Δδ ^{13}C 值越小表示寄生植物与其寄主的水分利用效率越接近，在较干旱的地区"寄生植物—寄主"间的 Δδ ^{13}C 值通常较大（Ehleringer et al., 1985；Ehleringer, 1993；Schulze et al., 1991）。在对云杉矮槲寄生的研究中，与一些干旱地区的"矮槲寄生—寄主"的 Δδ ^{13}C 值相比，云杉矮槲寄生与青海云杉、紫果云杉之间的 Δδ ^{13}C 值很小（表6-2），这与 Bannister 等（2001）和 Panvini 等（1993）的研究结果相类似。

受云杉矮槲寄生侵染后的青海云杉和紫果云杉针叶长期氮素利用效率（C/N）显著提高，针叶水分利用效率（δ ^{13}C）均显著降低。在潮湿的气候环境条件下，寄生于青海云杉的云杉矮槲寄生可能依靠更低的渗透压而不是维持更高的呼吸速率，以从寄主获得充足的水分和养分。两种寄主均采取降低水分利用效率同时提高氮素利用效率的策略以应对云杉矮槲寄生的侵染。这可能表明在非干旱的正常年份，两种寄主受侵染后受到的氮素胁迫比水分胁迫更强烈。

在海拔 3000~4000m 的青藏高原，土壤贫瘠，云杉天然林立地条件受限，受云杉矮槲寄生侵染的寄主对水分和氮素利用效率的反应，在一定程度上体现了寄主在受侵染后的适应性和抗病能力。当降雨充沛，水分不成为限制因子时，推测受害的寄主针叶会表现出降低水分利用效率同时提高或维持较高长期氮素利用效率的生存策略。当水分受限时，云杉矮槲寄生极有可能会以较高的呼吸速率来获取营养，云杉矮槲寄生的侵染致使受侵染寄主针叶的氮浓度明显降低，进而导致寄主水分利用效率（δ ^{13}C 值）明显降低，这将严重影响云杉的健康和活力，进而导致受害较重的寄主死亡。

6.1.3　矮槲寄生对寄主光合生理指标的影响

矮槲寄生具有很强的寄主专一性，因"矮槲寄生—寄主"种类不同、所处环境和立地条件不同，矮槲寄生对寄主生理生态特性的影响存在较大的差异。矮槲寄生的侵染会引起寄主生理上氮素利用率和水分利用率下降，然而针叶氮浓度和δ ^{13}C 值的降低是否预示着寄主针叶光合能力的减弱，至今还没有定论。例如 Picea glauca 受到 Arceuthobium pusillum 侵染后，其光合能力没有发生显著变化（Logan et al., 2002），而 Tsuga heterophylla 受 A. tsugense 侵染后，其最大净光合速率显著降低到健康树的 1/2（Meinzer et al., 2004）。

作者首次在我国青海省互助县北山林场的青杆天然次生林中发现云杉矮槲寄生 A.sichuanense 危害青杆 Picea wilsonii。受云杉矮槲寄生侵染后，青杆产生典型的扫帚丛枝结构（附图 26），并表现出显著的光合能力减弱。通过对同一林地内青杆的光合能力测定发现，与健康青杆相比，除胞间 CO_2 浓度没有显著差异外，受害青杆叶片的净光合速率、蒸腾速率、日平均水分利用率、气孔导度均显著降低（高发明等，2014）。

受害青杆与健康青杆叶片的净光合速率随时间的变化具有一致的变化趋势，均呈单峰曲线，在 10:00 时净光合速率达到一天中的最大值，随后逐渐降低；受害青杆与健康青杆的日平均净光合速率分别为 10.4μmol CO_2 · m⁻² · s⁻¹ 和 12.8μmol CO_2 · m⁻² · s⁻¹，且在任何时间点受害青杆的净光合速率均显著低于健康青杆（图 6-6 A，$P<0.05$）。

受害青杆与健康青杆的叶片蒸腾速率的日变化呈单峰曲线，随时间变化先升高后降低，在 12:00 时达到最大值；受害青杆与健康青杆的日平均蒸腾速率分别为 2.8 ± 0.03 mmol H_2O · m⁻² · s⁻¹ 和 3.2 ± 0.05 mmol H_2O · m⁻² · s⁻¹，且在任何时间

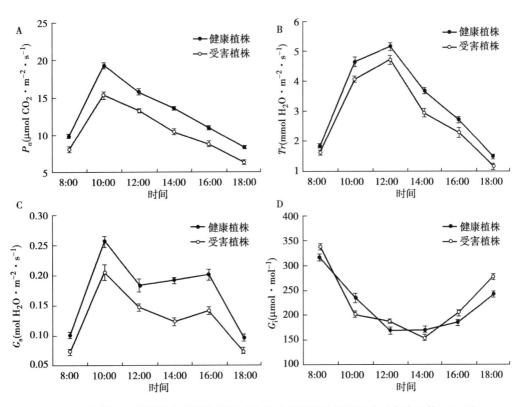

图 6-6　青杆受云杉矮槲寄生侵染后针叶光合生理指标的的日变化（高发明等，2014）

注：A.净光合速率（P_n）；B.蒸腾速率（Tr）；C.气孔导度（G_s）；D.胞间 CO_2 浓度（C_i）。

点受害青杆的蒸腾速率均显著低于健康青杆（图 6–6 B，$P<0.05$）。通常叶片水分利用率（WUE）为净光合速率与蒸腾速率的比值，通过数据对比能看出，受害青杆的日平均水分利用率（WUE=3.7）低于健康青杆（WUE=4.0），且二者差异显著（$P<0.05$）。

受害青杆与健康青杆叶片的气孔导度在不同时间的变化趋势一致，均是在 10：00 达到一天中的最大值，受害青杆和健康青杆的日平均气孔导度分别为 $0.13 \pm 0.01 mol\ H_2O \cdot m^{-2} \cdot s^{-1}$ 和 $0.17 \pm 0.01 mol\ H_2O \cdot m^{-2} \cdot s^{-1}$，且在任何时间点受害青杆的气孔导度均显著低于健康青杆（图 6–6 C，$P<0.05$）。受害青杆与健康青杆的胞间 CO_2 浓度变化趋势一致，日平均胞间 CO_2 浓度分别为 $225.7 \mu mol \cdot mol^{-1}$ 和 $218.7 \mu mol \cdot mol^{-1}$，二者之间无显著差异（图 6–6 D，$P>0.05$）。

通过对受害青杆的针叶生长情况进行测定发现，云杉矮槲寄生的侵染可导致青杆的针叶长度、宽度显著减小（$P<0.001$），比叶面积（SLA，指叶面积与其干重之比，是体现植物叶片对长期生长光环境的一种适应性指标）显著增大（$P<0.001$）（表 6–5）。

表 6–5　青杆的胸径、枝径、针叶形态特征的比较（高发明等，2015）

样树	胸径（cm）	枝径（cm）	针叶长度（mm）	针叶宽度（mm）	比叶面积（SLA）
健康	24a	$0.37 \pm 0.01a$	$10.8 \pm 0.3a$	$0.88 \pm 0.02a$	28b
染病	26a	$0.35 \pm 0.01a$	$8.0 \pm 0.3b$	$0.62 \pm 0.01b$	44a

注：应用 SPSS 10.0 对数据进行独立样本 t 检验。数值表示平均值（± 标准误差），样本数为 3。不同的字母表示在 0.05 水平上有显著性差异。

显然，云杉矮槲寄生从寄主吸取营养和水分，造成青杆感病枝条的针叶长度和宽度显著变小，从而减少了针叶接收光照的面积，影响针叶的光合作用水平。同时，由于寄主感病枝条上萌发出大量矮槲寄生植株，且侵染极可能导致了感病枝条干物质积累减少，因此表现出受害青杆的针叶比叶面积显著高于健康青杆的情况。

青杆受云杉矮槲寄生侵染后，光合生理发生了显著改变，对不同环境条件的依赖程度也将发生变化。为寻找可能限制或威胁感病寄主发育的关键环境因子，作者提取了调查样地内空气温度（T_{air}）、空气相对湿度（RH）、叶片温度（T_1）、蒸汽压亏缺（Vpd）、光合有效辐射（PAR）、环境 CO_2 浓度（CO_2）等与光合作用相关的环境因子，与健康及感病青杆针叶的光合速率（P_n）、蒸腾速率（Tr）、气孔导度（G_s）、胞间 CO_2 浓度（C_i）、水分利用率（WUE）进行冗余分析（RDA）。

对健康青杆的 RDA 排序分析表明：6 个环境变量（CO_2、T_{air}、T_1、Vpd、RH、PAR）中的 5 个环境变量对健康青杆叶片的光合生理指标具有显著性影响（$P<0.05$）（图 6-7 A），且第一轴解释了光合生理指标和环境因子关系总方差的 99.5%。其中，第一轴与环境 CO_2 浓度（CO_2）、空气相对湿度（RH）呈正相关，相关系数分别为 0.93、0.79，与空气温度（T_{air}）、蒸汽压亏缺（Vpd）、叶片温度（T_1）呈负相关，相关系数分别为 –0.91、–0.8、–0.89；与 PAR（$r=-0.68$）呈弱负相关，表明影响健康青杆叶片光合生理指标的环境因子排序为：$CO_2>T_{air}>T_1>\text{Vpd}>\text{RH}>\text{PAR}$。

对受害青杆的 RDA 排序分析表明：6 个环境因子（CO_2、T_{air}、T_1、Vpd、RH、PAR）中的 5 个环境因子对受害青杆叶片的光合生理指标具有显著性作用（$P<0.05$）（图 6-7 B），且第一轴解释了光合生理指标和环境因子关系总方差的 99.8%。其中，第一轴与空气相对湿度（RH）呈正相关（$r=0.86$），与空气温度（T_{air}）、

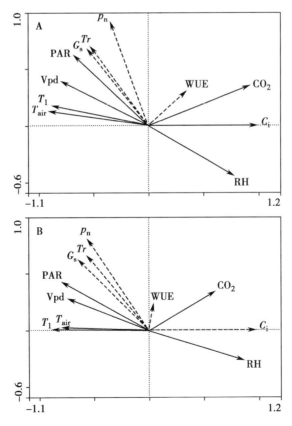

图 6-7　健康与染病青杆针叶光合生理指标与环境因子的 RDA 排序（高发明，2014）

注：A. 健康青杆；B. 受害青杆。

P_n，净光合速率；Tr，蒸腾速率；G_s，气孔导度；C_i，胞间 CO_2 浓度；WUE，叶片水分利用率；T_{air}，空气温度；RH，空气相对湿度；PAR，光合有效辐射；CO_2，环境 CO_2 浓度；T_1，叶片温度；Vpd，蒸汽压亏缺。

光合有效辐射（PAR）、蒸汽压亏缺（Vpd）、叶片温度（T_1）呈负相关，相关系数分别为 –0.81、–0.8、–0.75 以及 –0.9，与 CO_2（$r=0.61$）呈弱正相关，表明影响受害青杆叶片光合生理指标的环境因子排序为：T_1>RH>T_{air}>PAR>Vpd>CO_2。

健康青杆在光合作用过程中对环境 CO_2 浓度响应敏感（$r=0.93$，$P<0.001$），而受害青杆则对环境 CO_2 浓度变化不敏感（$r=0.61$，$P>0.05$）。这极有可能是由于受害青杆气孔导度显著降低所致（图 6–6 C）。气孔是植物叶片与外界进行气体交换的主要通道，可以对环境因子的变化迅速做出响应，控制植物体避免散失过多水分的同时，使植物达到最佳的 CO_2 利用效率。云杉矮槲寄生的侵染降低了寄主气孔开闭的响应能力，造成其对环境 CO_2 浓度变化不敏感，从而降低了寄主的光合作用能力。

因此，叶片温度（T_1）成为影响受害青杆叶片光合蒸腾特性（P_n、Tr）的主要环境因子，可能也是由于感病青杆气孔导度的降低，使其对 CO_2 变化的敏感程度降低所造成的。换个角度而言，假设在大气环境较为稳定的条件下，也可以认为寄主受矮槲寄生侵染后，降低了对环境温度极端变化的适应能力。

水分利用效率高的植物，通常能够在保持较小水分蒸腾散失、较大叶面水蒸气压亏缺的条件下正常完成光合生理过程。云杉矮槲寄生的侵染显著降低了青杆的净光合速率、蒸腾速率，造成感病寄主的水分利用率降低，使得寄主更容易受到光照、温湿度等环境变化的胁迫。

云杉矮槲寄生的长期侵染降低了寄主的光合蒸腾能力，使其针叶形态改变、干物质积累变小。由于受到云杉矮槲寄生的长期侵染，树势衰弱的同时，寄主对环境变化的响应能力也随之发生变化，水分利用率被削弱，适应极端天气变化（尤其是光照、温度变化）的能力降低。云杉矮槲寄生侵染青杆引起的光合生理变化，极有可能在青海云杉、紫果云杉等其他寄主上具有一致性。特别是在青藏高原强光照条件下，一旦遇到干旱，健康寄主争夺水分，感病寄主将受到严重的水分胁迫。这些环境和生理性的变化将在特定条件下使受害寄主的树势迅速衰弱，进而增大寄主死亡的概率，最终将影响云杉天然林的自然更新。

6.2 矮槲寄生发生的影响因子

矮槲寄生在林地内发生侵染，作为病原物它与寄主间存在密切的关系，寄生生活的特性决定了矮槲寄生的发生、传播、危害等受到其寄主的直接影响。而作为植物，在其长期生活的林地内，矮槲寄生的发生也必然受到环境因素的间接影响。

矮槲寄生的针叶树寄主，大多都以原始林、天然次生林等状态存在，这些林地通常受到严格的保护。要通过营林措施更换感病树木、补植非寄主树种，甚至进行大幅度的修剪等来控制矮槲寄生，都并非易事。因此找出在林间影响矮槲寄生发生的关键原因，明确具体的影响因子，是控制矮槲寄生危害的基础。近40年来国内外的研究者做了大量的调查工作，一个基本的共识是：矮槲寄生在林地内的发生和危害程度主要受到林地环境因子、林分结构以及林分受干扰历史等三方面的影响（Hawksworth et al.，1996；Geils et al.，2002）。

6.2.1 影响矮槲寄生病情指数的回归模型

作者选择云杉矮槲寄生发生的不同类型青海云杉林地，针对可能引发云杉矮槲寄生大面积发病成灾的植被因子（林分郁闭度、林下草本盖度、苔藓层厚度、林分类型、寄主平均胸径和平均树高）、地形因子（海拔，坡度和坡位）和土壤因子（有机质和全N）进行了调查（表6-6，表6-7）。

表6-6 麦秀国家森林公园内39个云杉样地的环境特征（夏博，2011）

样地	林分类型	病情指数	郁闭度	草本盖度（%）	苔藓厚度（cm）	胸径（cm）	树高（m）	海拔（m）	坡度（°）	坡位
1	青海云杉、祁连圆柏混交林	0	0.5	30	6.1	39.8	20.8	2971	27	上坡
2	青海云杉纯林	0	0.6	10	3.9	11.3	11.7	2930	40	中坡
3	青海云杉纯林	13.3	0.5	65	1.4	17.9	12.5	2910	15	下坡
4	青海云杉纯林	0	0.7	8	4.2	8.0	7.7	3170	20	上坡
5	青海云杉、紫果云杉混交林	0	0.8	5	6.1	13.3	13.5	3094	25	中坡
6	青海云杉、紫果云杉混交林	0	0.8	6	6.0	9.8	11.5	3010	30	下坡
7	青海云杉纯林	51.1	0.25	70	0	8.6	8.4	3220	15	上坡
8	青海云杉纯林	0	0.7	5	3.8	10.4	10.3	3200	30	中坡
9	青海云杉纯林	0	0.85	2	5.9	5.5	8.2	3150	10	下坡
10	青海云杉纯林	63.9	0.3	80	1.1	19.4	14.8	3250	20	上坡
11	青海云杉纯林	0	0.8	5	5.3	11.3	9.5	3209	20	中坡
12	青海云杉纯林	36.5	0.4	70	1.2	16.9	12.2	3156	25	下坡
13	青海云杉纯林	62.5	0.25	55	0	12.3	12.8	3326	20	上坡
14	青海云杉纯林	84.3	0.3	85	0.6	17.1	11.3	3320	20	中坡
15	青海云杉、桦树混交林	0	0.6	15	3.8	22.2	13.7	2910	15	下坡

（续表）

样地	林分类型	病情指数	郁闭度	草本盖度（%）	苔藓厚度（cm）	胸径（cm）	树高（m）	海拔（m）	坡度（°）	坡位
16	青海云杉纯林	87.1	0.2	85	0	22.7	14.3	3356	35	上坡
17	青海云杉纯林	4.0	0.7	3	5.4	23.6	13.9	3313	25	中坡
18	青海云杉纯林	62.5	0.25	75	2.1	12.1	10.8	3320	20	下坡
19	青海云杉纯林	95.2	0.2	90	0	22.7	11.6	3367	35	上坡
20	青海云杉、桦树混交林	0	0.7	4	4.4	12.5	9.7	3327	20	中坡
21	青海云杉纯林	82.9	0.4	70	1.2	20.7	11.2	3323	25	下坡
22	青海云杉纯林	74.5	0.1	75	0	28.9	12.6	3374	25	上坡
23	青海云杉纯林	83.3	0.4	80	0.5	37.2	16.4	3135	30	中坡
24	青海云杉、桦树混交林	0	0.6	40	2.9	13.2	8.5	3054	20	下坡
25	青海云杉、祁连圆柏混交林	43.3	0.3	45	0	9.32	9.4	3020	30	上坡
26	青海云杉、祁连圆柏混交林	74.7	0.4	60	0	28.8	11.2	2989	20	中坡
27	青海云杉、桦树混交林	0	0.4	35	0	12.7	18.6	2860	35	下坡
28	青海云杉、桦树混交林	0	0.7	6	3.8	15.4	11.8	3003	15	上坡
29	青海云杉、紫果云杉混交林	0	0.7	12	3.1	22.5	16.1	2995	30	中坡
30	青海云杉、紫果云杉混交林	0	0.7	5	4.0	24.2	13.9	2907	20	下坡
31	青海云杉纯林	50	0.2	50	0	12.3	10.5	3390	32	上坡
32	紫果云杉纯林	0	0.7	10	3.9	12.5	9.7	3375	40	中坡
33	紫果云杉纯林	70.0	0.3	70	0.9	17.7	12.9	3304	38	下坡
34	青海云杉纯林	52.5	0.3	45	0	12.6	9.9	2950	30	上坡
35	紫果云杉纯林	23.3	0.6	55	1.0	11.6	9.4	2930	30	中坡
36	青海云杉纯林	30.0	0.5	70	0.5	11.1	8.1	2900	20	下坡
37	青海云杉纯林	12.0	0.5	40	0.4	14.8	10.7	3150	20	上坡
38	青海云杉纯林	0	0.7	10	3.6	9.5	8.6	3100	35	中坡
39	青海云杉、紫果云杉混交林	27.5	0.5	75	0.7	10.1	9.7	3050	35	下坡

表 6-7　样地的病情指数与环境因子的经典统计分析（夏博，2011）

因子	样本数	最小值	最大值	均值	标准差	变异系数 CV（%）
病情指数	39	0	95.2	30.37	33.70	110.96
郁闭度	39	0.1	0.85	0.497	0.21	42.02
草本盖度（%）	39	2	90	41.64	30.83	74.04
苔藓层厚度（cm）	39	0	6.0	2.23	2.14	95.96
林分类型	39	1	5	2.08	1.49	71.63
平均胸径（cm）	39	5.55	53.20	16.81	9.17	54.55
平均树高（m）	39	7.70	20.80	11.66	2.86	24.53
海拔（m）	39	2860	3390	3136.36	168.99	5.39
坡度（°）	39	10	40	25.56	7.71	30.16
坡位	39	1	3	2.00	0.83	41.50
有机质（mg·g^{-1}）	39	106.96	170.74	132.6	18.07	13.63
全N（mg·g^{-1}）	39	3.98	5.81	4.67	0.48	10.28

　　将所采集的 11 个指标划分为 3 组变量，其中，植被指标为第一类变量，包括郁闭度（X_1），草本盖度（X_2），苔藓厚度（X_3），林分类型（X_4），平均胸径（X_5），平均树高（X_6）；地形因子为第二变量，包括海拔（X_7），坡度（X_8），坡位（X_9）；土壤化学指标为第三类变量，包括有机质（X_{10}），全 N（X_{11}）。

　　对以上可能诱导云杉林分病情指数变化的 11 个环境因子进行多元统计分析，同时采用多元线性逐步回归分析方法，以主成分得分为解释变量，分析诱发该地区云杉矮槲寄生发病的关键因子。

　　以各样地的病情指数为因变量，11 个因子为自变量做相关分析（相关系数矩阵见表 6-8），可见病情指数 Y 与 X_1（郁闭度）、X_2（草本盖度）、X_3（苔藓厚度）、X_4（林分类型）、X_5（平均胸径）、X_7（海拔）具有很强的相关性。

　　提取出 6 个对方差贡献较大（累计贡献率达 88.94%）、能比较全面地反映原来 11 个环境因子的主成分因子。其中，第一、二个主成分的方差贡献率在 20.08%~28.39% 之间（表 6-9）。

　　根据 6 个主成分的特征值和各因子得分，以 ZY（各样地病情指数）为因变量，6 个主成分为自变量进行多元线性回归分析，经逐步回归建立回归模型为：$ZY=-0.487F_1-0.180F_2+0.131F_3$（常数忽略不计）。根据回归模型，通过分析得出标准化后的病情指数与环境因子的回归方程：

　　ZY（病情指数）$=-0.2780\,ZX_1$（郁闭度）$+0.2919\,ZX_2$（草本盖度）$-0.2553\,ZX_3$（苔藓层厚度）$-0.1300\,ZX_4$（林分类型）$+0.1073\,ZX_5$（平均胸径）$+0.0441\,ZX_6$（平

表6-8 云杉样地的病情指数与环境因子的相关系数表（夏博，2011）

	Y	X_1	X_2	X_3	X_4	X_5	X_6	X_7	X_8	X_9	X_{10}	X_{11}
Y	1	-0.852**	0.872**	-0.757**	-0.404*	0.352*	0.054	0.337*	0.112	0.175	0.120	0.002
X_1	-0.852**	1	-0.860**	0.857**	0.279	-0.245	-0.164	-0.277	-0.153	-0.304	0.074	0.144
X_2	0.872**	-0.860**	1	-0.838**	-0.345*	0.283	0.075	0.141	0.072	0.014	0.045	0.006
X_3	-0.757**	0.857**	-0.838**	1	0.244	-0.109	0.028	-0.066	-0.145	-0.175	0.119	0.087
X_4	-0.404*	0.279	-0.345*	0.244	1	.054	0.235	-0.293	-0.079	-0.107	-0.220	0.058
X_5	0.352*	-0.245	0.283	-0.109	0.054	1	0.673**	0.043	0.056	0.131	-0.224	-0.132
X_6	0.054	-0.164	0.075	0.028	0.235	0.673**	1	-0.107	0.208	0.063	-0.248	-0.177
X_7	0.337*	-0.277	0.141	-0.066	-0.293	0.043	-0.107	1	0.048	0.319*	0.211	0.032
X_8	0.112	-0.153	0.072	-0.145	-0.079	0.056	0.208	0.048	1	0.045	-0.188	-0.075
X_9	0.175	-0.304	0.014	-0.175	-0.107	0.131	0.063	0.319*	0.045	1	-0.128	-0.128
X_{10}	0.120	0.074	0.045	0.119	-0.220	-0.224	-0.248	0.211	-0.188	-0.128	1	0.748**
X_{11}	0.002	0.144	0.006	0.087	0.058	-0.132	-0.177	0.032	-0.075	-0.128	0.748**	1

注：**$P<0.001$，*$P<0.05$。

表 6-9　主成分分析的因子特征根与贡献率（夏博，2011）

因子序号	初始特征根			提取的因子载荷平方和		
	特征根	方差贡献率（%）	累计贡献率（%）	特征根	方差贡献率（%）	累计贡献率（%）
1	3.122	28.385	28.385	3.122	28.385	28.385
2	2.209	20.083	48.468	2.209	20.083	48.468
3	1.381	12.556	61.024	1.381	12.556	61.024
4	1.277	11.608	72.632	1.277	11.608	72.632
5	0.975	8.861	81.493	0.975	8.861	81.493
6	0.819	7.446	88.939	0.819	7.446	88.939
7	0.582	5.288	94.228			
8	0.321	2.918	97.145			
9	0.157	1.426	98.572			
10	0.098	0.889	99.460			
11	0.059	0.540	100.000			

均树高）$+0.1023 ZX_7$（海拔）$+0.03592 ZX_8$（坡度）$+0.0519 ZX_9$（坡位）$+0.0922 ZX_{10}$（有机质）$+0.0756 ZX_{11}$（全氮）

借助拟合的回归方程模型，从回归方程中提取出了可能影响云杉矮槲寄生在林间发生和危害的主要因子：

（1）郁闭度是强烈影响云杉矮槲寄生在云杉林内发生概率和强度的因子（与病情指数呈显著负相关，$P<0.001$）；林地内的苔藓层厚度与云杉林分的病情指数呈明显负相关（$P<0.001$）；草本盖度与云杉林分的病情指数呈明显正相关（$P<0.001$）；天然林林分类型与云杉林分病情指数的相关性分析表明，混交林不易发病，纯林的发病概率则较高，尤其在所调查的针阔混交林内（云杉和桦树），云杉矮槲寄生的发生很少；云杉的平均胸径对林分病情指数起正向促进作用，随着云杉平均胸径的增加，遭受云杉矮槲寄生危害的概率和程度都明显加剧。

（2）林地的海拔与坡位都对林分的病情指数起正向促进作用。海拔影响程度较大，随着海拔的增加，云杉矮槲寄生的发病程度随之增加。

（3）土壤有机质及全 N 含量对林分病情指数起正向促进作用。土壤有机质和全氮含量的增加与林分的演替时间成正比，在一定程度上反映了林地病情指数的强度。

6.2.2 环境与矮槲寄生间的关系

矮槲寄生－寄主种群的形成和变化情况，根据寄生物及其寄主种类不同，在不同的地域类型和立地条件下会产生出多样性的结果。将林地内所有可能与矮槲寄生发病的相关因子拟合在一个模型中，可以阐述这些因子对矮槲寄生病情指数的贡献情况和相关关系，而这些影响因子，可以大致分为生物因子和环境因子（或非生物因子）两大类。

对矮槲寄生而言，除了寄主会对矮槲寄生产生直接影响外，矮槲寄生与寄主同时受到环境的直接或间接影响。作者选择"云杉矮槲寄生－青海云杉"林地系统，在青海省门源县仙米林场样地内采集了主要的生物因子和环境因子（表6-10，表6-11），进行冗余分析（RDA），构建了环境因子对生物因子影响的响应模型，从中提取出了影响云杉矮槲寄生在林间发生的主要环境因子。

以郁闭度、海拔、坡度、坡位等为环境因子变量，寄主平均胸径、寄主平均树高、林分类型、林分混交度、草本盖度、苔藓厚度和云杉矮槲寄生病情指数等为响应变量（即生物因子）进行RDA分析，发现环境因子组合对矮槲寄生及其寄主特征解释量为51.5%（表6-12），达到显著水平（$P<0.01$），表明环境因子组合能够很好地解释矮槲寄生及其寄主特征。

郁闭度、坡度和海拔是影响物种变量的主要环境因子，贡献达到显著水平（$P<0.01$），而三个环境因子的RDA排序显示，第Ⅰ轴反映了郁闭度为主的影响，第Ⅱ轴反映了海拔为主的影响，第Ⅲ轴主要反映了坡度的影响（表6-13）。

云杉矮槲寄生的发生及其寄主的生长状况受到林间郁闭度、坡度、坡位和海拔因子的影响（图6-8）。郁闭度与云杉矮槲寄生的感病指数、寄主平均胸径、平均树高、树下草本盖度呈负相关关系；坡度和海拔与感病指数呈正相关关系；郁闭度与海拔、坡度呈负相关关系；林分类型和混交度与感病指数呈负相关关系。

将环境因子与物种关系进行Monte Carlo模型显著性检验，可以看出：郁闭度、坡度和海拔显著影响着云杉矮槲寄生的病情指数，郁闭度与矮槲寄生病情指数呈显著负相关，坡度和海拔与矮槲寄生病情指数呈显著正相关（图6-9）。

云杉矮槲寄生在林间的发生和危害不能够以单一的变量或因子来解释，林间的立地条件、林分类型与寄主、寄生物和其他植被之间是相互关联又互相影响的。云杉矮槲寄生的发生受其寄主云杉生长状况的影响，同时寄主－寄生物群落的生长变化受到郁闭度、坡度、坡位和海拔等环境因子的影响。从相关关系来看，郁闭度与云杉矮槲寄生的感病指数、寄主平均胸径、平均树高、树下草本盖度呈负相关关系，坡度和海拔与感病指数、平均胸径、树下草本盖度呈正相关关系。

表 6-10　仙米林区标准样地数据统计（胡阳，2013）

编号	样地号	林分类型	混交度	平均胸径（cm）	平均树高（m）	平均冠幅（cm）	坡度（°）	坡位	海拔（m）	郁闭度	草本盖度（%）	苔藓厚度（mm）	土壤含水量（%）	病情指数
1	XMCB1	2	0.33	19.8	20.5	279.15	40	3	2800	0.55	23.5	13.3	12.02	34.5
2	XMCB2	2	0.03	17.8	16.6	185.48	20	4	2770	0.75	5.5	35.4	9.1	23.2
3	XMCB3	1	0	17.85	17.6	181.7	35	4	2772	0.62	10	28.8	13.13	22.3
4	XMCB4	1	0	21.49	14.1	204.6	30	3	2850	0.53	16	18.8	13.23	53
5	XMCB5	1	0	20.38	6.5	195.59	20	2	2814	0.77	8.5	35.7	15.08	16
6	XMCB6	1	0	20.9	6	208.79	20	2	2766	0.35	38	8.5	23.4	16.7
7	XMCB7	1	0	18.85	13.5	163.71	15	3	2851	0.85	3.2	55.2	13.23	0
8	XMCB8	2	0.17	22.1	17.6	189.6	20	3	2784	0.65	5	23.6	13.13	8.6
9	XMMH1	1	0	21.5	23.4	205.36	20	1	2765	0.37	45	6.6	21.4	33.6
10	XMMH2	1	0	21.7	16	196.68	30	2	2810	0.55	28	22.2	27.7	32.2
11	XMMH3	1	0	18.6	10	145.09	40	4	2731	0.7	15	35.5	18.5	16.4
12	XMMH4	1	0	22.8	7	194.27	30	2	2832	0.7	15	35.5	23.6	29.4
13	XMMH5	1	0	21.7	8	192.23	20	4	2875	0.87	7	55.9	18.5	16.7
14	XMMH6	1	0	27.8	9.5	211.84	10	1	2806	0.62	12	33.4	23.6	17
15	XMDL1	3	0.45	27.3	25.8	255	30	3	2756	0.75	10	55.2	37.7	3.8
16	XMDL2	2	0.5	34.9	25.3	225.67	20	4	2792	0.4	38	10.3	47.6	57.3
17	XMDL3	1	0	27.5	10	218.16	30	4	2792	0.55	25	22.4	13.13	40.3
18	XMDL4	2	0.08	26.5	16.5	215.95	20	1	2800	0.62	18	20.4	30	23.5
19	XMDL5	2	0.13	27.7	17	249.57	40	4	2750	0.6	20	24.3	13.8	24.2
20	XMDL6	2	0.13	29.2	18.5	226.84	30	3	2792	0.6	20	14.3	23.6	26.7

（续表）

编号	样地号	林分类型	混交度	平均胸径（cm）	平均树高（m）	平均冠幅（cm）	坡度（°）	坡位	海拔（m）	郁闭度	草本盖度（%）	苔藓厚度（mm）	土壤含水量（%）	病情指数
21	XMZG1	1	0	27.4	24.2	296.4	20	3	2785	0.52	28	14.2	29.4	42
22	XMZG2	1	0	17.6	25.9	246.19	10	5	2725	0.52	16	32.8	20.5	28.3
23	XMZG3	2	0.1	25.8	13.7	350.25	0	4	2680	0.72	5.2	64.4	22.8	0
24	XMZG4	1	0	21.1	16.2	422.72	25	3	2713	0.76	5.5	44.2	17.5	2.7
25	XMZG5	1	0	18.7	13.6	406.28	0	5	2713	0.9	2.4	66.4	38.5	0
26	XMZG6	1	0	23.3	20.8	404.76	30	3	2692	0.66	13	15.8	16.6	44.8
27	XMDX1	2	0.5	18.27	20.9	299.5	20	3	2512	0.9	2	56.4	28.7	0
28	XMDX2	2	0.5	15.15	20.8	290.5	20	3	2512	0.9	3.4	66.5	23.4	0
29	XMDX3	2	0.33	16.73	22.1	235.26	30	1	2513	0.63	15	44.8	24.9	10.1
30	XMDX4	2	0.26	13.98	13.7	200.62	30	1	2513	0.67	12	35.5	24.9	17.3
31	XMDX5	1	0	16.16	24.1	210.97	30	1	2520	0.79	13.6	46.2	22.8	14.5
32	XMDX6	2	0.4	15.48	16.5	208.82	25	1	2525	0.52	25	23.3	25.8	15.8
33	XMSG1	2	0.35	22.79	18.3	346.77	30	1	2560	0.65	24	45.4	26.2	11.6
34	XMSG2	1	0	20.65	16.5	343.23	30	1	2563	0.65	25	44.6	14.6	18.6
35	XMSG3	1	0	20.37	9.4	130	30	4	2665	0.5	30	23.1	23.4	20.6
36	XMSG4	1	0	21.94	14.1	143.44	30	3	2704	0.8	24	55.9	13.23	1.9
37	XMSG5	3	0.75	18.94	13.5	136.59	5	5	2622	0.87	2.2	66.8	18.3	0
38	XMSG6	1	0	19.51	13.5	129.67	5	3	2704	0.75	3.2	45.8	13.23	0
39	XMSG7	2	0.5	23.65	11.8	131.69	0	5	2668	0.85	3.8	70.3	14.2	0
40	XMSG8	1	0	22.34	17.5	145	0	5	2572	0.72	3.5	66.4	11.1	0

注：林分类型根据根据优势乔木树种进行划分并赋值，其中 1 为云杉纯林，2 为云杉白桦混交林，3 为云杉圆柏混交林，4 为云杉白桦圆柏混交林；坡位赋值 1 为山脊，2 为上坡位，3 为中坡位，4 为下坡位，5 为平地。提出的方法计算林分混交度。利用汤孟平等（2004）

表 6–11　仙米林区标准样地各因子的统计信息（胡阳，2013）

因子	样本数	最小值	最大值	均值	标准差
郁闭度	40	0.35	0.90	0.66	0.14
海拔（m）	40	2512	2875	2709.22	110.87
坡度（°）	40	0	40	22.25	11.26
坡位	40	1	5	2.92	1.33
平均胸径（cm）	40	13.98	34.9	21.65	4.39
平均树高（m）	40	6	25.9	16.16	5.47
林分类型	40	1	3	1.47	0.59
混交度	40	0	0.75	0.14	0.20
草本盖度（%）	40	2	45	15.48	11.12
苔藓层厚度（cm）	40	6.6	70.3	37.1	18.85
病情指数	40	0	57.3	18.09	15.64

表 6–12　矮槲寄生林间特征变化的解释变量典范分析（胡阳等，2014）

P	典范特征值	总特征值	解释量（%）	前四轴贡献百分比（%）			
				I	II	III	IV
0.002	0.515	1	51.5	36.8	46.6	50.6	51.4

表 6–13　郁闭度、坡度、海拔三个环境变量与排序轴的相关系数（胡阳等，2014）

林间环境因子	第一轴	第二轴	第三轴	第四轴
郁闭度	0.8230	0.0836	−0.0653	−0.2305
海拔	−0.5268	0.3350	0.1849	−0.2352
坡度	−0.5125	−0.3140	−0.1930	−0.2686

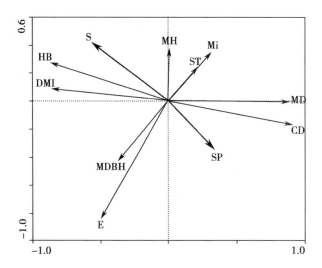

图6-8 林间环境因子和矮槲寄生发生特征的冗余度分析（胡阳等，2014）

注：MH，寄主平均树高；MDBH，寄主平均胸径；ST，林分类型；Mi，混交度；HB，草本盖度；MD，苔藓厚度；DMI，矮槲寄生病情指数；S，坡度；SP，坡位；E，海拔；CD，郁闭度。

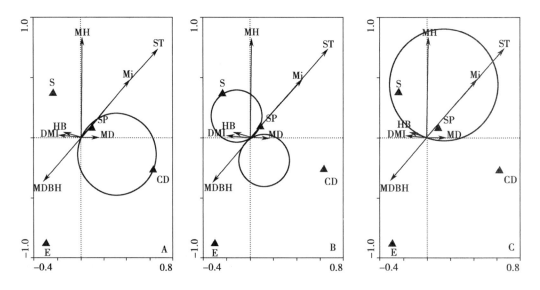

图6-9 环境因子对矮槲寄生发生特征影响的t检验结果（胡阳等，2014）

注：A为对郁闭度的检验结果，B为对坡度的检验结果，C为对海拔的检验结果。MH，平均树高；MDBH，平均胸径；ST，林分类型；Mi，混交度；HB，草本盖度；MD，苔藓厚度；DMI，矮槲寄生病情指数；S，坡度；SP，坡位；E，海拔；CD，郁闭度。

6.2.3 各因子对矮槲寄生的影响

云杉矮槲寄生在中国青海省，由南向北跨越泽库县、互助县和门源县，地理上位于东经（E）101.89°~102.57°、北纬（N）35.19°~37.28°之间，南北跨度约

300km，海拔 1600~3800m。对云杉矮槲寄生的主要寄主而言，青海云杉广泛分布，紫果云杉常见于麦秀林场，青杆被侵染的情况仅见于北山林场。

作者对布设在青海省仙米林场、北山林场和麦秀林场云杉天然林内的样地（图6-10）调查情况、数据和结论进行汇总，具体分析了林地中各类因子对云杉矮槲寄生发生的影响情况。

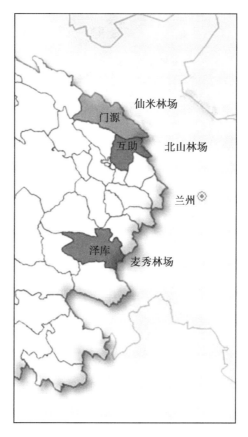

图 6-10　青海省云杉矮槲寄生研究区示意图

1）郁闭度的影响

郁闭度是强烈影响矮槲寄生在林间发生和危害程度的因子，且郁闭度与矮槲寄生的病情指数呈显著负相关关系，较低郁闭度林地内的矮槲寄生发生程度更为严重，而较高郁闭度林地内矮槲寄生危害程度很低或几乎不发生（图6-11）。

国外的众多研究显示，在天然林地内矮槲寄生的发病与林地郁闭度呈显著相关性（Brandt *et al.*，1998；Dobbertin，1999；Dobbertin *et al.*，2001；Dobbertin，2005），且普遍表现为矮槲寄生的发生和危害程度与郁闭度呈负相关。作者对中国青海省云杉天然林的实地观测和调查也得到了一致性的结论：在郁闭度超过

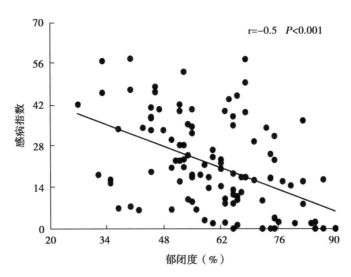

图 6-11　郁闭度与云杉矮槲寄生病情指数的相关性分析（高发明，2014）

0.7 的天然林地内很少（或几乎没有）发现受云杉矮槲寄生危害的云杉，侵染进程也非常缓慢，而在郁闭度小于 0.4 的天然林地内云杉矮槲寄生大面积发生。

　　矮槲寄生在郁闭度较低的林分能够大面积发生的原因，与其依靠种子弹射传播的机制有关，同时也是矮槲寄生喜光性生长特性的必然结果。郁闭度是林地间树冠透明度或开度的一种反应，本质上是林地内光照条件的一个表征因子。矮槲寄生具有典型的喜光生长特性，特别是矮槲寄生种子附着在寄主枝条后，需要一定的光照促进其萌发（Dobbertin，1999；Brandt et al.，2004；Brandt et al.，2005）。在密闭的林地中，树冠的郁闭减少了矮槲寄生种子萌发所需的光照量，同时高郁闭度、低光照的环境条件会明显抑制矮槲寄生的开花和繁育过程，从而降低了矮槲寄生成功侵染或繁殖产生大量种子的概率。因此，相比郁闭林地而言，矮槲寄生在散生、稀疏林地内扩散较快。开阔的空间有利于种子弹射出一定的距离，充足的光照为矮槲寄生种子的萌发和大量繁殖提供了条件，随着整片林地受侵染时间的推移，矮槲寄生的侵染和危害程度将呈指数级递增。

　　对林间物种的相关性分析发现，林地内苔藓的厚度与病情指数呈负相关，草本盖度与病情指数呈正相关。草本盖度和苔藓层厚度均可被视为林分郁闭度影响的结果，是林地内不同郁闭程度的植被体现。林地内郁闭度较高时（郁闭度大于 0.6 的天然林内），地上植被以耐阴的苔藓植物为主，苔藓层厚度平均超过 3cm，其盖度可达 80% 以上，这类林地内的云杉矮槲寄生发病率和感病指数较低；林地内郁闭度较低时（郁闭度小于 0.4 的天然林内），林内较开阔、透光度较高，地上植被以喜光性的草本植物为主，盖度可达 70% 以上，云杉矮槲寄生发病率和感病指数较高，大量树木 DMR 在 3 级以上且具有扫帚丛枝。

因此，地表植被种类、林分郁闭度和云杉矮槲寄生三者之间是相互影响的。郁闭度显著影响着云杉矮槲寄生的病情指数、草本盖度、苔藓厚度及寄主高、胸径的生长情况。低郁闭度为云杉矮槲寄生的发生和扩散提供了充分的自然和环境条件，而云杉矮槲寄生的迅速繁殖和不断侵染，使寄主的树冠生长稀疏、畸变，甚至导致寄主死亡，这又会进一步降低林分的郁闭度。随着郁闭度的改变，地表植物种类也有了相应的变化，在郁闭度较小的林地内以喜光性的禾本科植物为优势种，反之则以耐阴性强且涵养水源的苔藓植物为优势种。林地内草本的盖度以及苔藓层厚度、盖度等指标可以作为研究矮槲寄生的指示性植被因子，为预测林地内矮槲寄生的爆发提供具体的数量指标。

2）海拔和坡度的影响

矮槲寄生与海拔的关系方面，国外对生长在美国新墨西哥州和科罗拉多州沿岸的 *A. vaginatum* subsp. *ctyptopodum* 研究表明，矮槲寄生种群分布的适宜海拔范围比其寄主更窄（Hawksworth *et al.*，1960；Hawksworth，1961a；Williams *et al.*，1972）。*A. vaginatum* subsp. *ctyptopodum* 及其寄主种群 *Pinus ponderosa* 分布的海拔上限均为 2800m，矮槲寄生的分布下限为 1900m，而寄主种群的分布下限为 1600m。

根据我国的情况来看，作者更倾向认为是寄主的海拔分布限制了矮槲寄生的海拔分布。在青海省互助县北山林场海拔 2200m 的青杆和油松林中，发现有云杉矮槲寄生的分布，与植物志记载的（2800~）3800~4100m 相比向下扩展了 600m（表 6-14）。

表 6-14　云杉矮槲寄生及其寄主在青海省的海拔分布范围

寄主海拔范围（m）	云杉矮槲寄生海拔范围（m）	分布区
青海云杉1600~3800	2500~3300	仙米、北山、麦秀
紫果云杉2000~3800	2900~3200	麦秀
青杆1400~2800	2200~2600	北山
油松100~2600	2300~2400	北山

对云杉矮槲寄生而言，海拔、坡度和坡向与云杉矮槲寄生的发生和危害程度具有显著的相关性，海拔、坡度与云杉矮槲寄生的病情指数呈显著正相关关系。随着海拔的升高，云杉矮槲寄生的病情指数逐渐增大；随着坡度的增大，云杉矮槲寄生的病情指数也逐渐增大（图 6-12）。同时云杉矮槲寄生对分布在半阴坡的寄主具有较强危害，病情指数显著高于阴坡林地（表 6-15）。

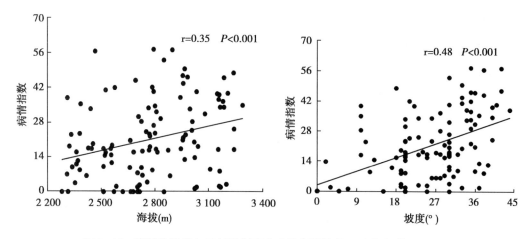

图 6-12　海拔和坡度与云杉矮槲寄生病情指数的关系（高发明，2014）

表 6-15　坡向与云杉矮槲寄生病情指数的关系（高发明，2014）

林场	坡向	样方数	病情指数
麦秀	阴坡	18	18.8 ± 3.1b
	半阴坡	22	33.2 ± 3.2a
北山	阴坡	13	9.1 ± 1.5b
	半阴坡	19	23.8 ± 3.3a
仙米	阴坡	23	10.8 ± 2.3b
	半阴坡	17	27.9 ± 3.8a

注：应用 SPSS 10.0 对数据进行独立样本 t 检验。数值表示平均值（± 标准误）。不同的字母表示在 0.05 水平上有显著性差异。

云杉矮槲寄生的寄主（青海云杉、紫果云杉、青杆等）在中国青海省基本都分布在海拔 2000~4000m 的山坡上，底坡通常具有较好的立地条件：坡度小、土层厚、树木密度较高，容易形成较为郁闭的林地；而随着海拔的上升，坡势逐渐陡峭，坡度增大、土层稀薄，树木稀疏生长。因此，随着海拔上升、坡度的增大，郁闭度会呈现出逐渐下降的趋势（图 6-8）。由于矮槲寄生的种子弹射轨迹是抛物线式的，在一定的坡度和树间距（通常 6~8m）条件下，伴随着林地内透光度逐渐增加，将非常利于云杉矮槲寄生的生长繁殖和种子弹射后的附着萌发，矮槲寄生的危害程度也随之增加。

3）林分结构的影响

矮槲寄生的专性寄生特性及种子弹射传播机制，使得矮槲寄生在一定范围内的发生和扩散受到寄主分布、寄主离侵染中心的距离以及非寄主分布等方面的影响。因此，在有矮槲寄生的林地中，纯林比包含寄主树种的混交林更易受到危害，矮槲寄生的扩散速度也更快。矮槲寄生害在空间结构上不同的危害区域是具有一定相关性的，如果出现阻隔，寄生害的分布就会呈现出区域化或破碎化的格局，这种阻隔作用可以是混交林的分布，也可能是火灾、虫害、或人为的砍伐等因素造成的林分结构改变，最终破坏了寄生害在空间上的连续性，从而导致矮槲寄生种群生境的破碎化（Geil *et al.*，2002）。

Robinson 等（2006）建立的模型表明，在受侵染林地中寄主与非寄主的分布位置直接决定了矮槲寄生的种子是否能够成功弹射到邻近的寄主枝条上。特别是在原始混交林和天然次生混交林中，一方面矮槲寄生的专性寄生特性使得混交林内非寄主树木不受侵染，一定程度上维持了混交林中感病率和感病程度的稳定；另一方面，矮槲寄生的种子弹射时会受到混交林内非寄主树木的遮挡，使其成功落在寄主树木上的概率大大降低，使矮槲寄生的扩散速率维持在较低的水平。

分析发现，林分混交度与矮槲寄生病情指数呈负相关（图 6-8）。在云杉与白桦、红桦、青杨等组成的针阔混交林中（寄主—阔叶树），云杉矮槲寄生的危害较轻，甚至一些以白桦为优势树种的混交林地内，云杉矮槲寄生极少发生；一些云杉与圆柏、落叶松等组成的针叶树混交林中（寄主—针叶树），云杉矮槲寄生的危害也相对较轻；而在青海云杉、紫果云杉及青杆纯林或云杉混交林中（寄主—寄主），云杉矮槲寄生严重发生并造成较大危害（图 6-13）。

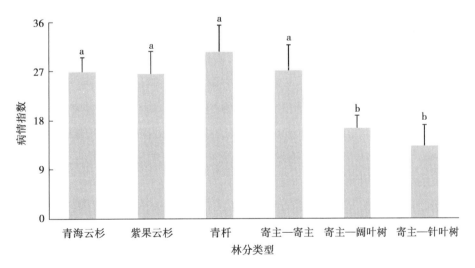

图 6-13　不同林分和云杉矮槲寄生病情指数的比较（高发明，2014）

注：LSD 多重比较，不同字母显示差异性，$P<0.05$。

在我国青海，林分在山坡上通常有着较为明显的垂直分布结构，由云杉混交林逐渐向云杉纯林转变,林分组成的变化与云杉矮槲寄生的空间分布格局相对应。当然也有例外，在一些高海拔林地内存在地势平坦、郁闭度很高的云杉纯林，在其周边林地均受云杉矮槲寄生侵染的情况下，该林地内几乎没有矮槲寄生发生；个别云杉＋阔叶树（白桦、红桦、紫桦、青杨等）和云杉＋针叶树（华北落叶松、油松等）的混交林内，云杉矮槲寄生发生程度也相对较重，这与林地环境、立地条件、人为干扰、矮槲寄生的侵染历史等可能都有关系。

6.3 矮槲寄生对寄主和环境的影响

矮槲寄生的直接影响是导致寄主的径生长和高生长量减少、材质下降，扫帚状丛枝结构的产生破坏了寄主养分和水分的转移平衡，最终导致树冠枯死或者整株死亡。寄生植物的长期侵染会造成寄主树势下降，竞争能力降低，寄主优势种群的衰退将更广泛地影响寄主所在的森林群落结构和组成（Press *et al.*，2005；Watson，2009）。矮槲寄生的生长是以消耗寄主养分为代价的，因此对原始林、用材林、经济林而言，矮槲寄生是一种容易造成生态和经济损失的林业有害生物，但它作为森林生态系统的一部分，又扮演着一个重要的生态角色，且一定程度上有益于其他物种。

6.3.1 矮槲寄生的危害程度

Arceuthobium pusillum 在美国东北地区到密西根州广泛分布，但其发生严重程度却表现出明显的地域性差异。在密西根州有大约 14% 的云杉受矮槲寄生危害，而东北地区大约有 25% 的针叶林被矮槲寄生侵染（Drummond，1982；Bolsinger，1978）。Andrews 等（1960）报道了矮槲寄生在亚利桑那州和新墨西哥州的分布情况，这片区域最主要的树种是松树，约有 36% 的 *Pinus ponderosa*（ponderosa pine）、47% 的 *Pseudotsuga menziesii*（douglas fir）受到矮槲寄生危害。此后 Maffei 等（1987，1988）对美国西部松树林的受害面积进行重新勘查，发现矮槲寄生的发生面积呈持续增加态势。

在墨西哥、加拿大和美国部分地区的原始森林中，矮槲寄生对当地生态和经济造成严重损失，被视为重要的林业有害生物。仅在美国西部每年因矮槲寄生害造成减产的林地面积就超过 1000 万亩；在墨西哥，有 180 万 hm^2 针叶林受到矮槲寄生侵染，每年的损失量在 200 万 m^3；在加拿大不列颠哥伦比亚省，每年的针叶林树木损失量在 180 万 m^3 左右（Hawksworth *et al.*，1996；Geils *et al.*，2002）。

在中国，健康的青海云杉的针叶平均寿命为 11.8 年，最大寿命为 13.3 年，最小寿命出现在海拔 2700m，寿命为 10.2 年（吴琴等，2012）。受到矮槲寄生侵染以后，针叶的寿命缩短，针叶出现大量脱落，严重影响寄主光合作用，树势逐渐衰弱。作者调查了 1809 株受云杉矮槲寄生不同程度危害的青海云杉，发现云杉矮槲寄生导致寄主云杉材质下降，生长量和寿命减少，严重时整株死亡。

云杉矮槲寄生对云杉生长的影响是非常明显的，不同感病级别对直径、树高和材积的影响呈递增状态，各病级对树高平均年生长量、径平均年生长量、材积平均年生长量之间都有显著性差异，并且随着病级的加大，危害也越严重，一些树龄超过百年的青海云杉也被害致死。目前青海省天然林区普遍遭受到云杉矮槲寄生的危害，危害面积超过 13 万亩（马建海等，2007），严重威胁着云杉天然林的健康。

6.3.2　矮槲寄生与小蠹虫危害相关性

受矮槲寄生侵染的寄主通常会随着受害程度的增加而逐渐衰弱，而寄主受害时通常还伴随着其他有害生物（以蛀干类害虫为主）的危害，尤其以小蠹虫与矮槲寄生同时危害寄主的情况最为普遍（Wilson et al.，1992）。

由于全球范围内所研究的"矮槲寄生—小蠹虫"种类各不相同，学者们很难就二者的相关性得出一致的结论。Johnson（1976）通过调查和观测表明，在矮槲寄生病情指数较轻的林地内，小蠹类对黄松的选择与其是否遭受矮槲寄生侵染没有关系；然而在矮槲寄生发病严重的林地内，随着侵染病级（DMR）的增加，寄主被小蠹类危害的概率也明显增加。与之相似的是，McCambridge（1982）发现在遭受 A. vaginatum subsp. cryptopodum 危害的 Pinus ponderosa 林地内，被小蠹类致死的寄主死亡率（30.8%）明显高于未被矮槲寄生侵染林地的死亡率（20.5%）。在美国亚利桑那州，受 A. vaginatum 严重侵染的 Pinus ponderosa 更易遭受齿小蠹类（Ips spp. Scolytidae）的攻击而死亡（Kenaley et al.，2006；Kenaley et al.，2008）。然而，Linhart（1994）在美国科罗拉多州的研究却提出了截然相反的观点，认为在自然界中应该只有极少数情况存在同一株树体上两种共同以其为侵染对象的有害生物。通常有害生物之间有着很强的竞争关系，这种竞争机制可能在其寄主种群内部产生多样性。在其所调查的 509 株 Pinus ponderosa 中，被 Dendroctonus ponderosae（mountain pine beetle，山松大小蠹）危害的有 19 株，被矮槲寄生 A. vaginatum 危害的有 69 株，遭受二者共同危害的仅有 8 株。

关于矮槲寄生危害程度与小蠹类侵害的相关性一直存在争议，调查的结果受到林分类型、矮槲寄生和小蠹种类、地理特点和气候变化等诸多因子的影响。现在普遍认为，矮槲寄生的侵染使寄主树势衰弱，改变了树木的挥发性化学信号，从而吸引次期性害虫侵染寄主（Hawksworth et al.，1996）。在树体胸径相近的情况下，小蠹虫对未受矮槲寄生侵染的树木和轻度受害的树木（DMR 为 1 或 2 级）的攻击侵向没有差别；当矮槲寄生的危害加重（DMR 为 3 或 4 级）时，小蠹虫的侵害随之增加；而当受害寄主 DMR 上升至 5 或 6 级时，受到小蠹的侵害程度又会随之减弱。

近年来，由于三江源地区云杉矮槲寄生和小蠹虫的大面积发生，对青海省云杉林的健康产生了严重威胁（周在豹，2007；刘丽，2008）。为详细分析云杉矮槲寄生和小蠹虫的复合危害情况，作者依据前人对麦秀林区不同小蠹虫种类危害特征的描述（刘丽等，2007；Liu et al.，2008；韩富忠等，2010），结合调查中受小蠹类危害的云杉具体受害特征（傅辉恩，1988；殷蕙芬等，1996；薛永贵等，2003；薛永贵，2008；Cognato et al.，2007；马静，2011），对树体受害和死亡主因进行判别归类并记录（表 6-16），并设置不同类型的固定样地开展了连续 3 年（2008~2010 年）的监测调查。

表 6-16　危害青海云杉的主要小蠹种类及特征（夏博，2011）

小蠹种类	虫体形态	主要危害部位	坑道形状
光臀八齿小蠹 *Ips nitidus*	成虫体长 3.4~3.8mm。圆柱形，黄褐色至黑色，有光泽。眼肾形，前缘中部有弧形凹陷。翅盘两侧各有四齿，四齿中第 1 齿极小；第 1 齿与第 2 齿间的距离最大	干、枝	坑道在边材上留下比较明显的印迹，母坑道为复纵坑，每穴有母坑 2~4 条，卵室在母坑道两侧对称排列
东方拟齿小蠹 *Pseudips orientalis*	成虫体长 4.28~4.76mm。圆柱形，黄褐色至黑色。翅盘两侧各有三齿，其中第 3 齿粗壮，端部呈矛头状	干	虫道形如八卦图案，长约 4~5cm，一般在母坑道内有 3~7 个卵室，一个卵室产 3~5 粒卵，卵为椭圆形
香格里拉小蠹 *I. shangria*	成虫体长 3.4~3.8mm。圆柱形，黄褐色至黑色，有光泽。眼肾形，前缘中部有弧形凹陷。翅盘两侧各有四齿，其中第 2 与第 3 齿着生于共同的基部上	干、枝	母坑道自交配室向四面延伸，一般 3~5 条，形如五星。卵产在母坑道两边，一室一卵，子坑道互不相交。蛀干表面常留有浅褐色木屑
云杉大小蠹 *Dendroctonus micans*	成虫体长 5.7~7.0mm。长棒锤形，粗壮长大，黑褐色或全黑色。触角锤壮部较长，锤壮部外面的第 1 条毛缝平直，里面的第 1 条毛缝略弓曲	干、枝	母坑道和子坑道不明显。蛀干表面留有大型（直径 1~2cm）倒漏斗状松胶，红褐色或灰褐色
云杉四眼小蠹 *Polygraphus polygraphus*	成虫体长 2.4~3.2mm，平均体长 2.7mm。黑褐色至黑色，鳞片灰黄色，由于覆盖稠密，致使虫体呈现黄色。触角鞭节 6 节，锤状部占触角的比例较短，末端尖锐	干、枝	母坑道成复纵坑，子坑道排列紧密，在边材留下明显的痕迹，并且母坑道带有明显转折。蛀干表面常留有深褐色木屑

在 11 个成龄云杉样地内，7 个受到不同程度云杉矮槲寄生侵染的样地内共有成龄青海云杉 455 株，死亡 62 株，死亡率为 13.6%（表 6-17，样地 1~7 号），4 个未受云杉矮槲寄生侵染样地的 495 株青海云杉未发生死亡现象（表 6-17，样地 8~11 号）；发现仅受小蠹虫危害致死的青海云杉共 7 株，占死亡总株数的 11.3%；受云杉矮槲寄生和小蠹虫共同危害致死的青海云杉共 51 株，占死亡总株数的 82.3%；仅受云杉矮槲寄生侵染致死的成龄青海云杉 2 株，其他原因死亡的成龄青海云杉 2 株。

在 13 个幼龄云杉样地内，9 个受到不同程度云杉矮槲寄生侵染的样地内共有幼龄青海云杉 248 株，死亡 88 株，死亡率为 35.5%（表 6-18，样地 1~9 号），且死亡均由云杉矮槲寄生的侵染造成，未发现小蠹虫危害；4 个未受云杉矮槲寄生侵染或仅个别树受害的样地内共有幼龄青海云杉 345 株，死亡 3 株，死亡率为 0.87%（表 6.3.3，样地 10~13 号），其中 2 株发现云杉矮槲寄生侵染。

从固定样地的连续监测数据来看，与成龄云杉林地相比，云杉矮槲寄生的侵染能够在相对较短的时间内使幼龄云杉受害致死，这预示着云杉矮槲寄生的危害尤其可能对青海云杉天然林的自然更新造成影响。

1）小蠹虫对云杉矮槲寄生危害严重的云杉林的影响

调查中发现，未受云杉矮槲寄生侵染的 4 个云杉林样地内并未发生小蠹虫危害的现象，而严重受云杉矮槲寄生侵染的样地内大部分青海云杉植株的死亡均为云杉矮槲寄生和小蠹虫的复合危害。

不同种类的小蠹虫倾向攻击不同胸径的青海云杉（图 6-14）。云杉大小蠹 D. micans 在胸径 5~56cm 的青海云杉上均有危害但不造成寄主死亡；光臀八齿小蠹 I. nitidus 和东方拟齿小蠹 P. orientalis 主要危害胸径大于 14cm 的青海云杉并将其致死；香格里拉小蠹 I. shangria 危害致死的青海云杉胸径较小，范围在 8~10cm；仅云杉矮槲寄生 A. sichuanense 危害致死的青海云杉平均胸径为 6cm。

Kenaley 等（2008）的研究表明，受矮槲寄生严重侵染的北美黄松更易遭受齿小蠹类 Ips spp. 的攻击而死亡，树高 12m、胸径 22.6cm、DMR 约为 5 级的寄主更易遭受齿小蠹类危害。作者依据其采用的判别分析方法，将 455 株青海云杉分为存活植株和死亡植株两组，分别录入各组内所有植株的胸径、树高、受云杉矮槲寄生感病级别（DMR）等各项参数，对云杉矮槲寄生—小蠹虫复合危害情况进行了判别分析，结果显示：胸径约 30.50cm，树高约 13.81m 和 DMR 约为 4.81 的青海云杉可以归为易被小蠹类攻击致死的寄主（表 6-19）。

表 6-17 样地内成龄青海云杉的死亡状况及主要原因（夏博，2011）

样地	面积（m²）	郁闭度（%）	平均胸径（cm）	平均树高（m）	平均DMR	总株树（死树）	未受云杉矮槲寄生侵染		受云杉矮槲寄生和小蠹虫复合危害后死亡	受云杉矮槲寄生和小蠹虫复合危害后尚未死亡	仅受云杉矮槲寄生侵染后死亡	其他原因死亡	伐桩数
							受小蠹虫攻击后死亡	受小蠹虫攻击后尚未死亡					
1	40×40	10	30.8	13.7	3.8	39（1）	0	0	1	0	0	0	16
2	50×50	30	17.8	13.4	3.0	90（11）	2	0	7	3	1	1	7
3	50×55	20	23.6	12.2	4.8	65（13）	4	0	9	6	0	0	19
4	40×40	40	19.6	12.8	3.7	90（9）	0	0	9	4	0	0	13
5	90×30	20	33.9	16.5	5.5	74（14）	1	0	11	1	1	1	11
6	40×40	30	26.4	14.2	4.5	45（8）	0	4	8	1	0	0	9
7	40×40	30	32.7	15.7	5.0	52（6）	0	2	6	0	0	0	6
总数						455（62）	7	6	51	15	2	2	79
8	20×20	70	11.5	9.2	0	129（0）	0	0	0	0	0	0	0
9	20×20	80	9.7	7.9	0	144（0）	0	0	0	0	0	0	0
10	20×20	70	10.2	9.8	0	113（0）	0	0	0	0	0	0	0
11	20×20	70	12.4	10.6	0	109（0）	0	0	0	0	0	0	0
总数						495（0）	0	0	0	0	0	0	0

表 6-18 不同感病程度的样地内幼龄青海云杉的生长及死亡状况（夏博，2011）

样地	样地面积（m²）	郁闭度（%）	成龄青海云杉			幼龄青海云杉					
			平均 DMR	平均株高（m）	平均胸径（cm）	平均 DMR	平均株高（cm）	平均根径（cm）	总株数（死树）	是否由云杉矮槲寄生侵染死亡	
1	10×10	10	5.3	14.2	28.3	5.6	55.24	3.85	19（8）	是	
2		30	4.6	12.6	22.4	5.2	52.73	3.81	14（7）	是	
3		30	3.6	12.4	25.2	4.7	56.17	3.76	17（6）	是	
4		40	3.2	11.2	18.4	4.4	137.33	3.78	57（13）	是	
5		40	4.8	9.6	19.8	5.1	47.33	4.13	5（2）	是	
6		40	5.6	11.3	21.2	5.5	49.47	4.33	11（3）	是	
7		20	5.4	12.7	26.3	5.6	42.43	2.84	31（11）	是	
8		20	4.7	14.5	33.6	5.2	53.45	3.32	44（21）	是	
9		30	4.4	15.2	35.2	4.5	37.82	2.27	50（17）	是	
10		50	1.2	9.1	15.6	1.7	62.88	2.69	67（2）	是	
11		50	0	8.9	13.1	0	150.21	4.43	84（0）	—	
12		60	0	6.2	9.3	0	217.31	5.47	87（1）	否	
13		70	0	5.7	8.4	0	67.62	3.76	107（0）	—	
总数									593（91）		

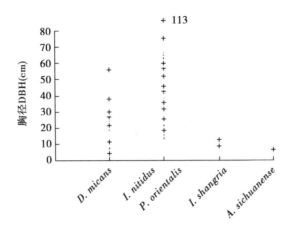

图 6-14　受小蠹虫和云杉矮槲寄生危害的青海云杉植株的胸径范围（夏博，2011）

表 6-19　胸径，树高和云杉矮槲寄生侵染级别（DMR）在 95% 置信区间下预测分组
（存活树 vs. 小蠹虫类致死树）的平均值（夏博，2011）

特征因子	判别分类	
	存活树	小蠹类致死树
胸径	20.91（±10.14）	30.50（±20.24）
树高	12.75（±4.49）	13.81（±4.62）
DMR	3.79（±2.04）	4.81（±1.87）

　　云杉矮槲寄生的侵染增加了青海云杉的死亡概率，并且在成龄林与幼龄林中表现出显著差异。在成龄林中，受云杉矮槲寄生严重侵染的样地内，被云杉矮槲寄生和小蠹虫共同危害致死的青海云杉 51 株，占总死亡植株数的 82.3%，体现了较强烈的复合危害特性（表 6.3.4，小蠹类致死的判别组内平均 DMR 较高）。云杉矮槲寄生危害程度的增加为优势种小蠹虫的侵害提供了条件，复合危害增加了成龄青海云杉死亡率。然而在幼龄林中，未感病样地内 3 年未发现青海云杉死亡的现象，但严重受害样地内死亡的幼龄青海云杉则全部由云杉矮槲寄生的危害所导致（死亡率 35.5%），体现了云杉矮槲寄生对幼龄青海云杉具有强烈的致病性。

　　2）小蠹虫的危害加速了染病青海云杉的死亡

　　在青海省麦秀国家森林公园，云杉矮槲寄生的严重发病区与小蠹类的易发区有着极为相似的立地条件，二者均易发生在较低林分郁闭度的云杉林内（刘丽等，2007；韩富忠等，2010），这为云杉矮槲寄生—小蠹虫复合危害现象的发生提供了可能性。小蠹虫（尤其是齿小蠹类）在虫口密度较大时能够在很短时间内致使云杉死亡。与之相比，云杉矮槲寄生对成龄寄主产生的危害虽然缓慢，但却逐年降低了云杉的树势和健康状况，增加了当地小蠹发生的风险。现在普遍认为矮槲寄生的先期危害导致寄主树势衰弱，增加了受侵染树对昆虫和有害病菌的易感性。在遭受云杉矮槲寄生严重侵害的青海云杉林内，被小蠹虫和云杉矮槲寄生共同危害致死的青海云杉占林内青海云杉死亡总数的 82.3%，体现了强烈的云杉矮槲寄生—小蠹虫复合致害特性，云杉矮槲寄生—小蠹虫的复合致害加速了青海云杉的死亡。

3）干旱加剧云杉矮槲寄生—小蠹虫复合危害的强度

马建海等（2003）报道了青海省内云杉矮槲寄生大面积爆发成灾的现象，仅在仙米林场 19 万亩的云杉林中，受害枯死木已达 1.1 万 m³。结合青海省同仁县近十年的气象数据进行判别，作者推测 2001 和 2002 年的相对干旱（降水量小于其他年份，图 6-15）也许是青海云杉大面积死亡的最主要原因。

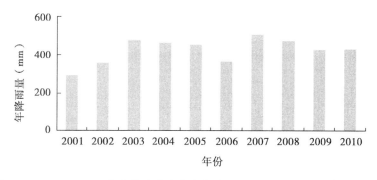

图 6-15　2001~2010 年青海省黄南藏族自治州同仁县降雨量（夏博，2011）

云杉矮槲寄生能够大幅度降低寄主针叶的水分利用效率，这种水分胁迫的压力将在干旱年份里对云杉产生更为剧烈的负面影响。国外研究发现，在干旱年份过后的第二年通常会有大量受矮槲寄生危害的寄主死亡。在美国亚利桑那州小蠹虫—矮槲寄生复合危害的黄松林内，2002 年的干旱导致了亚利桑那北部大面积松树死亡（Kenaley *et al.*，2008）。因为受侵染寄主的水分利用效率被减弱，干旱加剧了林分内植株间的水分竞争，受侵染寄主更容易在水分胁迫过程中死亡。因此推测在干旱年份内中国青海省受云杉矮槲寄生—小蠹虫复合危害的林地内也极有可能出现大面积云杉死亡情况。

中国三江源地区的生态环境极为脆弱，云杉林自然更新缓慢，一旦遭到破坏，很难在短时间内得到恢复。云杉矮槲寄生的侵染不仅能够致使成龄云杉死亡，并且能够在较短时间内杀死幼龄云杉，对云杉天然林的自然更新造成了极大的威胁。

随着云杉矮槲寄生发生和危害程度增加，寄主树冠畸形生长并形成扫帚丛枝，树冠丰度下降将导致林地郁闭度降低，这将进一步加速云杉矮槲寄生和小蠹虫的暴发。同时，林冠对降雨的截留功能也将被降低，增加了林地内原本就极薄的土层发生水土流失的可能性，将进一步影响天然云杉林的自然更新和生长。

6.3.3 气候对云杉矮槲寄生危害程度的影响

树木年轮作为可以记录历史气候变化的重要证据，具有重要的科研价值。对年轮宽度的研究是目前探究树木与其影响因子之间关系的一个很有效的途径。云杉矮槲寄生作为一种影响寄主正常生理过程的寄生害，同气候等环境因子一样，对云杉的生长有着一定的影响，因此可以通过年轮宽度的测量来研究矮槲寄生对寄主的制约作用。

作者在青海省仙米林区随机选取了健康及不同程度受云杉矮槲寄生侵染的云杉 204 株（表 6-20），通过分析年轮宽度发现，从 0 级的健康云杉样本到 6 级的感病云杉样本，轮宽上表现出明显减小趋势（图 6-16）。

表 6-20　204 株云杉样本年轮宽度的均值和标准差（张超，2016）

病害等级	N	均值	标准差	标准误	极小值	极大值
0.00	18	10.8843	1.56079	0.36788	9.01	13.88
2.00	24	10.8054	6.78832	1.38566	4.04	26.49
3.00	64	8.7038	3.84187	0.48023	3.57	20.47
4.00	46	8.0433	2.86338	0.42218	2.68	14.77
5.00	48	8.5350	3.08112	0.44472	3.15	15.00
6.00	4	8.5391	1.08083	0.54041	7.07	9.43
总数	204	8.9516	3.87642	0.27140	2.68	26.49

对各病害等级在轮宽上的差异进行差异性检验，结果显示从 DMR 3 级开始，在轮宽上具有显著差异（$P<0.05$）（表 6-21）。这说明到 DMR 3 级后，云杉矮槲寄生开始影响到云杉的正常生理过程。云杉矮槲寄生潜育期时只进行内寄生系统的生长，内寄生系统在寄主体内处于局部发育阶段，没有形成一定数量的丛枝，可认为云杉矮槲寄生并没有大量的通过内寄生系统对寄主进行破坏。因此，病害等级达到一定级别，才会对整株寄主的木材生长量产生影响。

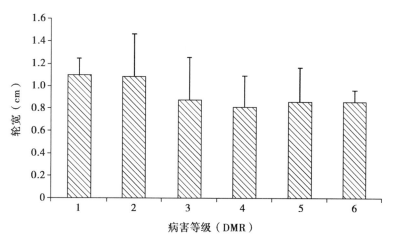

图 6-16　不同病害等级样芯均值（张超，2016）

表 6-21　各病害等级年轮宽度多重比较（张超，2016）

病级	参比病级	均值差	标准误	显著性
0	2	0.07899	1.18293	0.947
	3	2.1805	1.01218	0.032*
	4	2.84108	1.05475	0.008**
	5	2.3493	1.04855	0.026*
	6	2.34521	2.09711	0.265
2	3	2.10151	0.90807	0.022*
	4	2.76209	0.9553	0.004**
	5	2.27031	0.94845	0.018*
	6	2.26622	2.04889	0.270
3	4	0.66059	0.73334	0.369
	5	0.1688	0.72439	0.816
	6	0.16472	1.95528	0.933
4	5	−0.49179	0.78278	0.531
	6	−0.49587	1.97766	0.802
5	6	−0.00408	1.97436	0.998

注：* 置信度（双侧）为 0.05 时，相关性是显著的；** 置信度（双侧）为 0.01 时，相关性是极显著的。

　　另外，寄主对逆境具有一定的抗性，如果寄生物的危害在寄主的抗逆性范围内，也不会显著地影响到寄主的正常生长。由此，DMR 3 级可认为是云杉矮槲寄生数量和内寄生系统大量形成，超过了云杉抗逆性的一个界限。

　　作者根据所采集样树的树轮宽度序列，计算了每年每厘米高度的木材材积，用年木材生长量作为衡量指标，考察感病的云杉林与健康云杉林在木材生长量上的差异，从年轮学角度探索云杉矮槲寄生侵染青海云杉的时间序列。

　　鉴于各样本树龄不同，序列长短不同，因此为了在年份上有可比性，对各序列按照最小树龄取齐（树龄最小的为 30 年），进行统计分析。将 1985~2015 年各年份的木材增长量进行两两对比，结果显示感病云杉和健康云杉样本在年份上均有极显著差异（表 6-22）。从 2015 年开始计算，分别与其余 29 个年份进行两两比较（表 6-23），发现感病云杉 2000~2001 年的木材生长量相比其他年份有 15 个年份生长量显著下降，而健康云杉木材生长量 1984~1985 年相比其他 27 个年份均有显著下降。

表 6-22　感病云杉逐年生长量与健康云杉逐年生长量（张超，2016）

种类	指标	平方和	df	均方	F	显著性
感病云杉	组间	2.929×10^{11}	30	9.763×10^{9}	6.877	0.000**
	组内	8.362×10^{11}	589	1.420×10^{9}		
	总数	1.129×10^{12}	619			
健康云杉	组间	2.749×10^{14}	30	9.162×10^{12}	2.987	0.000**
	组内	1.807×10^{15}	589	3.068×10^{12}		
	总数	2.082×10^{15}	619			

注：** 代表置信度为 0.01 时极显著。

表 6-23　逐年生长量与其他年份生长量多重比较（张超，2016）

年份	健康云杉	感病云杉	年份	健康云杉	感病云杉
2015	0	9	2009	0	8
2014	0	14	2008	1	9
2013	0	13	2007	1	6
2012	0	14	2006	1	9
2011	0	11	2005	2	10
2010	0	10	2004	2	10

（续表）

年份	健康云杉	感病云杉	年份	健康云杉	感病云杉
2003	0	10	1993	3	1
2002	2	10	1992	2	0
2001	3	15	1991	2	0
2000	3	10	1990	3	0
1999	3	10	1989	7	0
1998	3	10	1988	11	0
1997	2	8	1987	17	0
1996	3	6	1986	24	1
1995	3	7	1985	27	1
1994	2	2			

注：健康云杉和感病云杉下的数字代表当前年份生长量显著小于其他年份的数量（置信度为0.05）。

对比每年的生长量发现，感病云杉整体生长量在1991年之后呈现下降趋势，在2001年生长量达到最低；而健康云杉在1985年最低，之后生长量逐年上升，健康云杉整体年生长量均高于感病云杉（图6-17）。

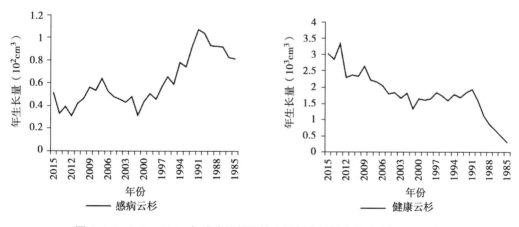

图6-17　1985~2015年感病云杉和健康云杉生长量变化（张超，2016）

在大尺度的研究中，通过样本量的平均水平可以消除个体差异，虽然关于云杉矮槲寄生何时传入仙米林区，至今仍不明确，但感病云杉和健康云杉生长量相比，两组唯一不同就是云杉矮槲寄生的影响。因此可以推测导致其生长量显著开始下降的年份，即为感病云杉上的云杉矮槲寄生大量繁殖，大部分达 DMR 3 级以上的时间。根据生长量对比分析，这个时间点大致在 1991 年前后，在这之后感病组的云杉生长量转为下降。

温度和降水是在针叶林间影响植物生长最根本的气候因素，在相同立地条件下，针叶树的径向生长主要受温度和降水量的影响（Richardson *et al.*, 1960；Antonova *et al.*, 1993）。作者认为，感病云杉由于云杉矮槲寄生的影响会对不利的气候条件产生更加明显的反应。为了明确受云杉矮槲寄生侵染的青海云杉在温度、降水量变化胁迫下的生长变化，作者分析了感病云杉和健康云杉的年平均生长量与温度、降水量的相关关系，发现感病云杉和健康云杉的生长量都与温度有显著的相关性，而与降水量的相关性不显著（表6-24）。

表6-24　云杉生长量与温度和降水量的相关性检验（张超，2016）

种类	指标	温度	降水量
感病云杉	Person相关性	−0.637**	0.240
	显著性	0.000	0.211
	样本量N	29	29
健康云杉	Person相关性	0.565**	−0.340
	显著性	0.001	0.071
	样本量N	29	29

** 表示具有 Person 相关性分析结果具有显著相关性，$P<0.01$。

通过详细分析 1985~2013 年青海省的年平均温度和降水量的变化情况，发现在此期间内温度是整体上升的，而降水量从 1985~2013 年基本都处于 350~500mm 之间，变化不显著（图6-18）。

通过散点图分析感病云杉、健康云杉的生长量与温度、降水量间的关系发现，感病云杉生长量变化和健康云杉生长量都受到温度的影响更大，而受到降水量的影响较小（图6-19，图6-20）。温度对感病云杉和健康云杉的胁迫作用表现出相反的趋势，感病云杉生长量与温度呈现负相关关系，而健康云杉的生长量与温度呈现正相关关系（图6-21）。

由于研究区域所在的门源县近 30 年的年降水量并无太大变化，基本维持在 350~500mm 之间，因此推测健康云杉和感病云杉的生长量与降水量的相关性不高。类似研究表明，在降水量充足时，降水量与树木的生长无明显相关性（Tardif *et al.*, 1997；Wimmer *et al.*, 1997）。

图 6-18　1985~2013 年门源县的温度和降水量变化（张超，2016）

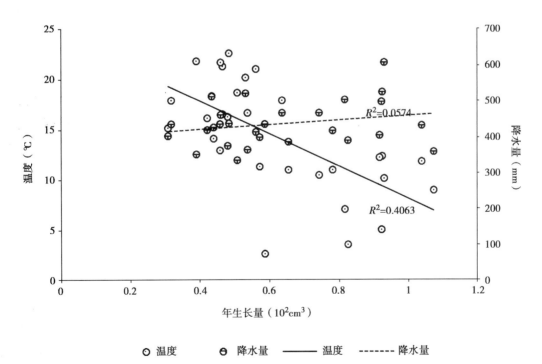

图 6-19　温度和降水对感病云杉生长量的影响（张超，2016）

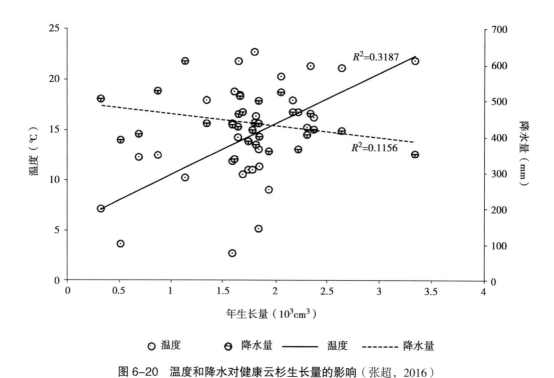

图 6-20　温度和降水对健康云杉生长量的影响（张超，2016）

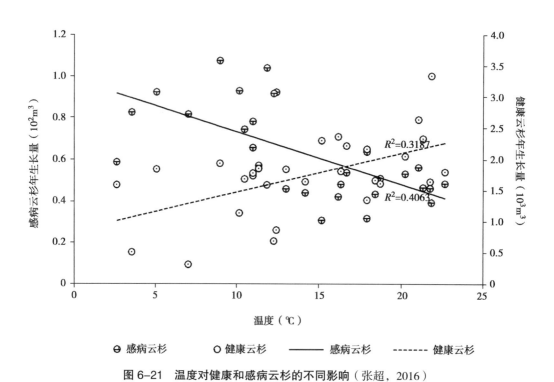

图 6-21　温度对健康和感病云杉的不同影响（张超，2016）

　　然而 1985~2013 年间温度是整体上升的，对于受云杉矮槲寄生危害的云杉林地内，温度的升高对于寄主的生长具有双向作用。未受侵染的健康云杉在温度上升的情况下生长量逐年增长，温度的升高能够促进云杉的蒸腾作用和代谢过程，有效地促进了有机物的积累（Wang *et al.*，2003）。而感病云杉由于长年受到矮槲寄生的侵染，寄生物一直从寄主汲取水分和有机物，温度的升高可能会促进矮槲寄生的代谢作用，加重了对于寄主的胁迫。同时，温度的升高也可能使得矮槲寄生的生长期缩短，种子萌发相对周期缩短，提前打破种子的休眠。这些过程都可能成为温度升高导致感病云杉生长量显著下降的原因。

6.3.4　矮槲寄生在森林生态系统中的作用

　　矮槲寄生能够显著影响寄主的生长、冠形和存活能力，从而影响到寄主种群乃至整个林地的生态发展。矮槲寄生对寄主的主要影响包括：产生扫帚丛枝、降低寄主生长量、降低树木材质和材积、增大了其他有害生物的侵染性、增加了树木死亡率。这些改变和危害通过长时间积累，逐渐影响森林的健康、树木的繁殖以及林地的更新和可持续性发展，进而影响整个森林生态系统中初级生产者的生产能力、生物量分配、死亡率、物质循环和森林演替等基础生态进程（Kipfmueller *et al.*，1998；Mathiasen 1996；Tinnin *et al.*，1982；Wanner，1986）。

　　从生态的角度来看，森林昆虫和病原也是形成森林结构的重要组成。矮槲寄生作为一种极为进化的寄生性植物，为自然界的生物多样性作出了贡献。有些矮槲寄生被认为是非常稀有的物种，例如 *Arceuthobium hondurense*（Hessburg *et al.*，1994；Holling，1992；Monning *et al.*，1992；Mathiasen *et al.*，1999）。在森林中，矮槲寄生只是引起树木感病的诸多病原之一，甚至在北美一些国家公园和自然风景区，矮槲寄生的长期侵染使寄主形成扫帚丛枝，高大的针叶树和巨大的扫帚丛枝在大峡谷的映衬下，构成了震撼的风景，这使矮槲寄生得以保留（Geils *et al.*，2002）。

　　虽然矮槲寄生不像其他槲寄生那样为了传粉而吸引鸟类或哺乳动物，但是矮槲寄生为许多野生动物（如鸟类、昆虫等）提供了食物、栖息地以及它们所需要的许多生活环境。从动物取食的方面来说，虽然现有的研究还没有直接证据表明有动物以矮槲寄生为主要食物来源，但是一些鸟类（比如蓝松鸡）在取食花旗松针叶时，会取食大约 2%~8% 的 *A. douglasii*（Severson，1986），还有一些松鼠、豪猪和鹿等哺乳动物在林间会采食矮槲寄生枝芽或受侵染树的树皮（Conklin，2000）。另外，矮槲寄生侵染所形成的扫帚状丛枝结构常常被鸟类、昆虫或小型哺乳动物当做栖息的巢穴或隐蔽场所（Hedwall，2000；Marshall *et al*，2000；

Garnett，2002）。

　　在防止和控制矮槲寄生扩散和危害的同时，人们也应该认识到它在生态环境中的重要作用。生物地理学、古植物学、寄主关系和分子分类学的研究表明，矮槲寄生与它们针叶树寄主之间的寄生机制具有很长的进化历史（Hawksworth *et al.*，1996）。矮槲寄生依靠其寄主生存和繁殖，但是最终却导致寄主死亡，这也使得矮槲寄生随之死亡。因此，寄生物与寄主的相互适应、分离演变上的历程和结果具有极为显著的协同进化意义。目前，寄主—矮槲寄生在自然生态系统中存活、繁殖和死亡，这些自然生态系统，都在受到人类的控制和影响。因此从生态的角度，要对每一个寄主—矮槲寄生系统进行人为干预甚至全面防治时，需要清楚地了解它们的生活状态，科学地预测矮槲寄生侵染对树木的生长和存活造成的影响。而从防治有害生物的角度，矮槲寄生的侵染导致天然针叶林衰弱、死亡，导致木材材积下降，造成经济损失，因此人们需设法去改变矮槲寄生对资源和环境造成的影响，综合运用生物学、化学、遗传学和造林学手段来管理森林或进行防治。

第 7 章

矮槲寄生的防治策略

7.1 化学防治

从 20 世纪 50 年代开始，人们就开始筛选用于防治矮槲寄生的化学药剂。数十年间，开发或筛选出一种对于矮槲寄生防治具有较高选择性的药剂，是化学防治策略中的基本目标（Gill *et al.*，1954；Quick，1962，1964；Scharpf，1971）。药剂应用的难点在于许多药剂可以杀死矮槲寄生，但无法对矮槲寄生的内寄生系统产生影响，一些药剂又容易对寄主或其他非靶标物种有毒害作用。虽然药剂不能完全杀死矮槲寄生，但能够使矮槲寄生的外部植株脱落，在一定程度上减轻或延缓矮槲寄生的传播和扩散。

最早筛选出被认为是最具有应用前景的化学药剂是 2,4-D（2,4- 二氯苯氧乙酸丁酯）和 2,4,5-T（2,4,5- 三氯苯氧基乙酸）。尽管二者对矮槲寄生有防效，但在有效浓度范围内会对寄主产生药害；在不损伤寄主的低浓度下，又不能对矮槲寄生内寄生系统产生作用，一段时间后矮槲寄生还会抽发出新的植株。并且在后来的研究和应用中发现这两种药剂存在对环境及动物的毒副作用，现在已经被禁止使用。

Hawksworth（1996）总结了从 20 世纪 70 年代到 90 年代早期的一系列经过试验的除草剂和生长调节剂，包括滴涕油酰胺（Dacamine）、2- 甲 -4- 氯苯氧基乙酸（MCPA）、2,4- 滴丁酸（Butyrac）、2- 甲 -4- 氯丁酸（Thistrol）和乙烯利（ETH）等。虽然这些化学药剂能引起寄生芽的高死亡率，同时对寄主危害很小，但是它们依然很难对矮槲寄生的内寄生系统产生较强的作用和影响。

7.1.1 防治云杉矮槲寄生的化学药剂筛选

2007 年以来，作者对发生在中国青海省的云杉矮槲寄生开展了连续的防治试验。在借鉴国外防治经验基础上，结合国内实际，进行了大量药剂筛选试验（表7–1）。

表 7–1 喷雾防治云杉矮槲寄生的化学药剂种类筛选

名称	剂型	最佳试验配比（浓度）	防治时期	平均防治率	寄主药害反应程度评价
330g·L⁻¹施田补	乳油	1∶50	芽期	26%	重度
41%农达	水剂	1∶50	芽期	49%	重度
72%2,4–D丁酯	乳油	1∶100	芽期	100%	重度
900g·L⁻¹禾耐斯	乳油	1∶100	芽期	100%	轻度
10.8%盖草能	乳油	1∶50	芽期	55%	重度
40%乙烯利	水剂	1∶200	芽期	100%	健康
50%丁酰肼	可溶性粉剂	1∶100	花期	60%	中度
20%萘乙酸	可溶性粉剂	1∶100	花期	100%	重度
90.8%脱落酸	晶体	2000mg·L⁻¹	花期	100%	健康
40%乙烯利	水剂	1∶200	花期	100%	健康
40%乙烯利+柴油	柴油为溶剂	1∶200	花期	100%	健康
48%绿枯灭草松	可溶性粉剂	1∶100	花期	100%	健康
25%易圃净	可溶性粉剂	1∶200	花期	100%	健康
41%草甘膦	水剂	1∶100	花期	52%	健康
20%百草枯	水剂	1∶200	花期	100%	重度
90%赤霉素	可溶性粉剂	1∶100	花期	42%	—
50%丁酰肼	可溶性粉剂	1∶100	花期	45%	—
50%矮壮素	可溶性粉剂	1∶100	花期	48%	—

注：寄主药害反应程度评价。健康：云杉针叶未出现黄化，10% 以下的针叶脱落；轻度受害：针叶轻度黄化，并有 10%~30% 以的针叶枯死或脱落；中度受害：30%~60% 针叶枯死或脱落；重度受害：60% 以上针叶枯死或脱落。

乙烯利、2,4–D 丁酯、禾耐斯对云杉矮槲寄生芽具有良好的防治效果，平均防治率均能达到 100%（图 7–1）。安全性调查发现，喷施 2,4–D 丁酯乳油的云

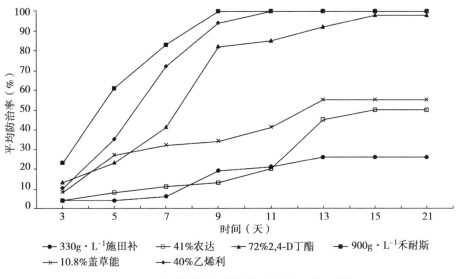

图 7-1　不同药剂对云杉矮槲寄生芽的防治效果

杉针叶药害反应严重，大量云杉针叶枯死；禾耐斯会产生轻度药害，云杉针叶表现出局部斑点和黄萎；乙烯利则几乎没有药害反应。

乙烯利（混配柴油）、脱落酸、萘乙酸、绿枯灭草松、易圃净、百草枯对云杉矮槲寄生花具有良好防治效果，平均防治率均能达到100%（图7-2）。

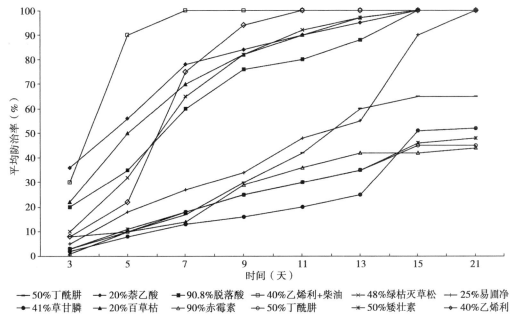

图 7-2　不同药剂对云杉矮槲寄生花的防治效果

利用柴油混配 40% 乙烯利的药效比水剂有显著提升。从喷施过程来看，乙烯利油剂的扩散能力和附着能力优于水剂，用喷壶进行喷施时药剂呈油雾状扩散并能轻易附着在枝条表面，液滴悬挂而不会轻易滴落，极利于实际小范围喷雾防治作业。

与其他药剂不同的是，脱落酸作用后不会使矮槲寄生的整个花芽脱落，而是使矮槲寄生的花从花萼处连同花朵的子房一起脱落，在花柄处形成椭圆形的脱落残口，这会使得矮槲寄生的结实率大大降低。脱落酸不会对云杉产生任何药害，但由于脱落酸价格成本较高，可能不利于其在生产中大面积推广应用。

萘乙酸对矮槲寄生花芽的作用在开始阶段就十分迅速，但是它对针叶的副作用很大，几乎所有沾染药剂的针叶都出现不同程度的红褐色斑点。

48% 绿枯灭草松、25% 易圃净也是防治云杉矮槲寄生的可选药剂，不仅具有高的防效，而且对寄主云杉没有药害。20% 百草枯虽然具有高效的防治效果，但是产生药害，会导致寄主云杉针叶死亡，枝条枯死。

7.1.2　乙烯利防治云杉矮槲寄生

乙烯利（活性成分为 2- 氯乙基磷酸）被认为是在实际中能够被用于大面积生产性防治作业的化学药剂，它能够使矮槲寄生外部植株脱落死亡。乙烯利的作用机理是通过释放乙烯（一种植物生长调节物质）引起矮槲寄生芽、花和果实的脱落（Hawksworth et al., 1989）。乙烯是一种自然界物质，能够被迅速分解，并且对非目标物种几乎没有影响。

以下是国内外运用乙烯利对矮槲寄生进行防治的一些实例：

- *Arceuthobium americanum* on *Pinus banksiana* in Manitoba
- *Arceuthobium americanum* on *Pinus contorta* in Colorado and California
- *Arceuthobium campylopodum* on *Pinus ponderosa* in California and Idaho
- *Arceuthobium campylopodum* on *Pinus jeffreyi* in California
- *Arceuthobium divaricatum* on *Pinus edulis* in New Mexico
- *Arceuthobium douglasii* on *Pseudotsuga menziesii* in Oregon
- *Arceuthobium laricis* on *Larix occidentalis* in Oregon
- *Arceuthobium pusillum* on *Picea mariana* in Minnesota
- *Arceuthobium vaginatum* on *Pinus ponderosa* in Colorado and New Mexico
- *Arceuthobium sichuanense* on *Picea crassifolia* in Qinghai

作者利用 1∶200 的 40% 乙烯利水剂对寄生于青海云杉上的云杉矮槲寄生芽、花进行了连续防治，并对喷施过药剂后的云杉矮槲寄生植株进行持续观察，发现

1∶200 乙烯利喷雾可以使枝条上云杉矮槲寄生的植株脱落，也可以减少云杉矮槲寄生的种子产量。从防治次数上来看，施药 2 周后再次喷药相较于一次喷药可以显著提高防治效果。从防治时期上看，芽期一次喷药与花期一次喷药相比，两者在枝条上和种子上达到的防治效果相当，均可以作为防治时期的选择。

芽期一次喷药后可使枝条上云杉矮槲寄生脱落，相对防效为 41.93%，施药 2 周后进行二次喷药后防治效果为 81.42%，相对防效提高了 94%。一次喷药后云杉矮槲寄生的种子产量减少，相对减产率为 45.24%；二次喷药后相对减产率为 78.08%，防治效果提高了 72%（图 7-3）。

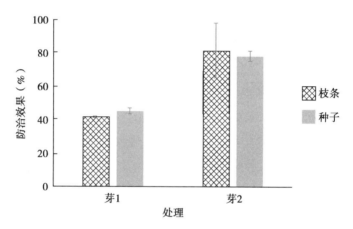

图 7-3　芽期 1∶200 乙烯利水剂喷雾防治云杉矮槲寄生效果（左建华，2017）
注：芽 1 为芽期一次喷施 1∶200 乙烯利；芽 2 为芽期二次喷施乙烯利
校正防效 = $[1-(CK_0 \times A_1)/(CK_1 \times A_0)] \times 100\%$。$CK_1$= 对照组矮槲寄生数量，$CK_0$= 对照组矮槲寄生基数，$A_1$= 处理组施药后矮槲寄生数量，$A_0$= 处理组施药前矮槲寄生基数。

花期 1∶200 乙烯利喷雾，一次喷药后对枝条上云杉矮槲寄生相对防效为 39.47%，施药 2 周后第二次喷药后相对防效为 81.62%，防治效果提高了 106%；一次喷药后云杉矮槲寄生种子产量减少，相对减产率为 45.12%，二次喷药后种子相对减产率为 60.16%，防治效果提高了 33%（图 7-4）。

作者在连续防治试验的过程中，也同时试验了 1∶400 及更低浓度的 40% 乙烯利水剂对矮槲寄生芽、花、果的防治效果。对比 1∶200 的 40% 乙烯利水剂连续防治效果，更低浓度的乙烯利依然可以对不同生长期的矮槲寄生产生不同的防治效果，但是防效均有较大幅度的波动。例如 1∶800 的 40% 乙烯利对矮槲寄生芽的平均防治率只有约 20%，但 1∶800 的 40% 乙烯利对矮槲寄生花的平均防治率能达到约 50%。观察发现，从矮槲寄生芽期至花期，在大约 2 个月时间内通过连续 4 次 1∶200 的 40% 乙烯利喷雾防治，能够使得单株寄主上的矮槲寄生植株

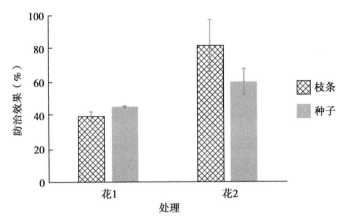

图 7-4　花期 1∶200 乙烯利水剂喷雾防治云杉矮槲寄生效果（左建华，2017）

注：花 1 为花期二次喷施 1∶200 乙烯利；花 2 为花期二次喷施乙烯利。

几乎全部脱落，防治效果明显。

　　在防治手段方面，由于云杉矮槲寄生侵染的青海云杉等寄主在青海省通常分布在坡度较大的阴坡和半阴坡，树木高大，常规喷雾防治作业存在难度。作者尝试利用树干输液的方式对云杉矮槲寄生进行防治，取得了一定效果。

　　使用配比为 1∶10、1∶50、1∶100 的 40% 乙烯利水剂进行树干输液，均对云杉矮槲寄生具有一定的防治效果（表 7-2）。其中 1∶10 的乙烯利水剂防治云杉矮槲寄生效果最好，但是容易产生药害，影响寄主云杉针叶；浓度为 1∶50 的乙烯利水剂防治云杉矮槲寄生效果较好，而且对寄主云杉针叶没有影响；浓度为 1∶100 的乙烯利水剂对云杉防治云杉矮槲寄生防治效果最低。1∶50 的 40% 乙烯利水剂对云杉矮槲寄生果实的防治效果稳定，种子相对减产率可达 40% 左右（图 7-5），对阻止云杉矮槲寄生的扩散具有一定的作用。

表 7-2　不同浓度乙烯利水剂输液防治云杉矮槲寄生的效果（李学武，2015）

稀释倍数	校正防效（%）		
	第15天	第30天	第45天
1∶10	76.3a	94.3a	98.8a
1∶50	13.2b	31.3b	44.3b
1∶100	1.2c	8.8c	14.1c

注：不同小写字母代表 0.05 水平显著差异。

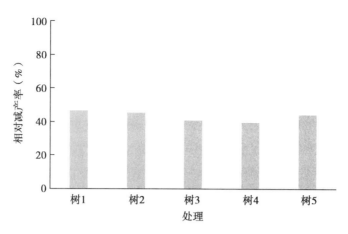

图 7-5 1:50 输液防治云杉矮槲寄生的种子相对减产率（李学武，2015）

7.1.3 乙烯利对矮槲寄生内寄生系统的影响

大量试验和证据都表示，乙烯利对防治矮槲寄生具有良好的效果。但是一些试验观察到，喷施乙烯利后，第二年春季寄主枝条上依然会萌发出少量新的矮槲寄生植株。寄生芽是由皮层根顶端突破寄主表皮层后分化产生的，因此推断乙烯利的作用可以破坏皮层根从而导致外部寄生植株脱落，但不能完全的杀死矮槲寄生的内寄生系统（Nicholls et al., 1987; Parks et al., 1991）。作者通过对喷施乙烯利的云杉矮槲寄生及其寄主枝条的组织病理学观察发现，乙烯利能够杀死产生寄生芽的皮层根，但是由于药效有限，乙烯利只能够破坏产生寄生芽的皮层根以及与该皮层根相邻的其他皮层根，整个枝条上的皮层根网状系统并不能被完全破坏。

使用 1:200 的 40% 乙烯利水剂对受云杉矮槲寄生侵染的青海云杉枝条进行喷雾，并分不同时间段采集寄主芽、嫩枝，以及寄生芽正常脱落和喷施乙烯利后脱落的寄主枝条。形态学观察发现，自然脱落的云杉矮槲寄生寄生芽与健康生长的寄生芽相比其颜色稍微变黄。在人为除去寄生芽时会产生一个孔洞，在孔洞内可以观察到产生此寄生芽的健康皮层根（附图 27）。从寄主枝条径切面观察也表明产生此寄生芽的皮层根呈健康的状态，说明寄生芽自然脱落后产生此寄生芽的皮层根依然具有活性。

对被侵染的寄主枝条喷洒乙烯利水剂后，观察发现脱落后的云杉矮槲寄生芽颜色变成红褐色，人为摘除变成红褐色的寄生芽发现其周围的寄主组织颜色变成红棕色，将颜色红棕色的寄主组织去除后在枝条上留下一个较大且内部光滑的孔洞，在孔洞内不能观察到产生此寄生芽的皮层根。在寄主与寄生芽接触点处的组织颜色最先开始发生变化，与寄生芽连接的部分皮层根颜色变黑且易脱落，寄生芽脱落后在枝条上留下一个光滑的孔洞（附图28）。说明乙烯利不仅能杀死寄生芽，还能杀死其周围的寄主细胞和产生此寄生芽的部分皮层根细胞。

通过观察寄主枝条的横切面发现，与健康的寄生芽比较，喷施乙烯利后寄主与寄生芽接触点处的部分细胞开始破碎死亡，随后产生此寄生芽的皮层根和皮层根周围寄主皮层细胞开始逐渐破碎死亡（附图29）。因此推断乙烯利是在寄主与寄生芽的接触点处最先开始杀死寄生芽及其周围的寄主细胞，随后沿着产生此寄生芽的皮层根与寄主的皮层缝隙渗透到寄主皮层内并杀死周围寄主和矮槲寄生的细胞，最后导致寄生芽脱落。

寄生芽脱落以后，乙烯利会持续在寄生芽的皮层根和寄主组织之间渗透，并作用导致此寄生芽的皮层根及其周围的寄主皮层细胞完全破碎死亡，并且与其相邻的其他皮层根的细胞也会受到药物作用而破碎死亡。但是随着乙烯利药效的减退，皮层根和其周围寄主皮层细胞的破碎死亡量也逐渐减少（附图30）。

从寄主枝条的径切面观察，发现皮层根及其周围的寄主皮层根细胞破碎死亡的形状与皮层根向外生长的形状类似，也形象地说明乙烯利是沿着皮层根生长的方向杀死皮层根和其周围寄主皮层的细胞。随着破损死亡的皮层根和其周围的寄主皮层细胞脱落，在寄主组织内形成一个"歪J形"的孔洞（附图31）。在被杀死的寄生芽周围发现健康的皮层根，以及在被杀死的皮层根周围发现健康的皮层根（附图32），说明乙烯利只能杀死产生寄生芽的皮层根以及与此皮层根相邻的其他皮层根。

7.1.4　云杉矮槲寄生响应乙烯利作用的分子机理

乙烯利处理受云杉矮槲寄生侵染的青海云杉，会使云杉矮槲寄生芽脱落。作者研究发现，经乙烯利处理导致脱落的寄生芽的相关蛋白的翻译水平会显著低于未脱落的寄生芽（Wang et al.，2016a）。受乙烯利作用而脱落的寄生芽的吲哚乙酸水平高于未脱落的寄生芽，而水杨酸的情况与之相反，脱落酸的水平没有差别。这意味着乙烯利作用导致云杉矮槲寄生芽的脱落，确实可以引起云杉矮槲寄生芽组织生理生化相关蛋白、生长激素水平的变化。利用RNA测序技术，对经乙烯利处理引起脱落的云杉矮槲寄生芽以及未脱落的芽（包括喷施水的对照）进行转录谱分析，发现两者之间的基因表达存在着明显的区别。未脱落的芽有9817个上调表达的功能基因、1314个下调表达的功能基因，而脱落的芽有3910个上调表达的功能基因、3089个下调表达的功能基因。在乙烯利作用导致芽脱落的基因表达中，丰富表达的基因都是与初级代谢过程、蛋白磷酸化、脂代谢和小分子代谢相关，这意味着这些代谢途径与乙烯调节有重要关系。相对应的，在未脱落芽的基因表达中，丰富表达的基因与转录调节、杂环代谢、去氧化过程和大分子生物合成过程调节有关。同时通过分析一些候选的基因，发现有 68 个参与生长激素合成及信号通路相关的功能基因在导致芽的脱落过程中存在显著的差异化表达，其中分别存在 31 个、21 个、3 个、5 个、3 个和 5 个功能基因与乙烯、植物生长激素、脱落酸、赤霉素、油菜类固醇和细胞分裂素显著相关。这些基因都与芽的脱落、乙烯的生物合成及转运途径等机制有关。这些探索性的研究，可以为今后进一步研究相关药剂作用的分子机制提供依据。

7.1.5　乙烯利防治的安全性评价

植物药害是指因施药不当或者是施药浓度、时间、剂量等不当，对植物的细胞、组织、器官等造成伤害，使其生长或生理特征出现异常，严重时甚至造成植株死亡。一般而言，慢性药害症状表现缓慢，短时间内不易观察到，例如开花延长、叶片颜色变淡、植株萎蔫、光合作用减弱等；而急性药害症状表现快，施药后几个小时或几天出现明显的形态，例如叶片黄化、脱落、植株枯萎等。

作者在使用不同浓度的 40% 乙烯利水剂喷雾防治云杉矮槲寄生时，参照草本和灌木植物药害等级标准（表 7-3），对施药林地不同样方内的草本植株和灌木叶片对乙烯利水剂所产生的药害情况进行判断。综合来看，用浓度为 1∶200 的 40% 乙烯利水剂喷雾防治云杉矮槲寄生，对林下草本植物及林间灌木整体产生轻微药害，药害主要症状表现为：生长畸形、叶片失绿、产生斑点等（表 7-4）。

表 7-3　草本和灌木植物的药害等级（李学武，2015）

植物类型	等级	植株症状
草本	0	植株无明显变化，生长正常
	1	植株轻微黄化，植株生长异常
	2	植株黄化，植株生长略成畸形
	3	植株大量黄化，植株生长形态异常
	4	植株萎蔫或者枯死
灌木	0	叶片没有受到药害，生长正常
	1	叶片受到药害的面积占到整个叶片面积的1/4
	2	叶片受到药害的面积占到整个叶片面积的1/4~1/2
	3	叶片受到药害的面积占到整个叶片面积的1/2~3/4
	4	叶片受到药害的面积占到整个叶片面积的3/4或者脱落

表 7-4　乙烯利喷雾对灌木草本的影响（李学武，2015）

植物名称	药害症状	药害率（%）	药害指数
高山鲜卑花	叶片发黄，出现褐色坏死斑点	5.7	2.0
小檗	叶片发黄	5.0	2.2
银露梅	叶片边缘萎蔫枯黄，叶面不同程度发黄	3.8	1.2
金露梅	叶片边缘萎蔫枯黄，叶面不同程度发黄	4.7	2.3
狭果茶藨子	叶片出现黑色斑点，叶面发黄	3.3	0.7
早熟禾	植株发黄、生长畸形	7.6	7.6
薹草	植株发黄、生长畸形	8.6	8.8

注：药害率 = 药害株数 / 施药前植株总数 ×100%
　　药害指数 =（各级药害株数 × 该病级值）/（调查总的株数 × 最高病级值）×100

　　高山鲜卑花的药害症状为叶片发黄，出现褐色坏死斑点，叶片发黄面积最高达到整个叶面积的 3/4，最低达到整个叶面积的 1/4，药害率为 5.7%，药害指数为 2.0，判断乙烯利对高山鲜卑花产生的药害程度为轻。小檗的药害症状为叶片发黄，发黄面积占整个叶面积的 3/4 以下，药害率为 5.0%，药害指数为 2.2，药害程度轻。银露梅和金露梅的药害症状为叶片边缘萎蔫枯黄，叶面不同程度发黄，金露梅的药害率较高为 4.7%，药害指数为 2.3。狭果茶藨子的药害症状为叶片出现黑色斑点，叶面发黄，面积最高达到整个叶面积的一半，但是受到药害的叶片数量较少，药害率为 3.3%，药害指数仅为 0.7。

　　草地早熟禾和薹草，具有发达的根状茎，丛状生长，喷雾时会增加受药面积，药害症状均为植株发黄、生长畸形。草地早熟禾的药害率为 7.6%，药害指数为 7.6；薹草的药害率为 8.6%，药害指数为 8.8。由于常量喷雾的雾化效果较差，一定程度上有药滴直接落到草本植物和地面上，如果采用超低量喷雾，可能会进一步减少对林地草本植被的药害。圆叶小堇菜、东方草莓、狼毒、乳白香青和蒲公英与对照组相比均没有明显差异，叶片颜色和性状正常，没有出现斑点或者枯黄等现象，均无药害。

　　乙烯利对寄主的药害影响方面，作者在进行乙烯利防治云杉矮槲寄生试验的过程中，从调查被施药寄主的球果特征、种子性状、种子萌发力、生活力等，对乙烯利作用下寄主青海云杉的药害反应和安全性做了全面评价。

　　试验表明，乙烯利防治云杉矮槲寄生对寄主云杉的球果、种子形态没有产生影响。云杉矮槲寄生芽期、花期用 1∶200 乙烯利喷雾处理，收集的寄主球果、种子与对照组相比，长、宽没有表现出显著差异，表明乙烯利喷雾防治云杉矮槲寄生对云杉球果外观形态没有影响。1∶50乙烯利输液处理收集的云杉球果、种子与对照组相比，长、宽没有表现出显著差异，说明1∶50乙烯利树干输液防治云杉矮槲寄生对云杉球果外观形态没有影响（表7-5）。

表 7-5　乙烯利处理对寄主球果和种子长宽的影响（左建华，2017）

寄主	试验项目	处理	长（cm）	宽（cm）	长宽比
球果	芽期喷雾	1∶200乙烯利	9.73a	2.35a	4.13a
		CK	9.51a	2.36a	4.04a
	花期喷雾	1∶200乙烯利	8.19a	1.99a	4.12a
		CK	8.08a	1.89a	4.28a
	输液	1∶50乙烯利	8.82a	2.29a	3.87a
		CK	8.65a	2.08a	4.16a
种子	芽期喷雾	1∶200乙烯利	3.74a	2.07a	1.80b
		CK	3.84a	2.02a	1.91b
	花期喷雾	1∶200乙烯利	3.86a	2.01a	1.92b
		CK	3.89a	2.04a	1.92b
	输液	1∶50乙烯利	3.78a	2.00a	1.89b
		CK	3.86a	2.08a	1.86b

注：表中小写字母表示5%显著水平。

乙烯利防治云杉矮槲寄生对寄主云杉种子的萌发能力不产生负面影响。云杉矮槲寄生芽期、花期用1∶200的40%乙烯利喷雾处理，收集的寄主云杉种子发芽率、发芽势、发芽指数与对照组相比，均无明显差异，表明1∶200乙烯利喷雾对云杉种子发芽能力没有影响。树干1∶50乙烯利输液防治后收集到的寄主云杉种子，其发芽率、发芽势、发芽指数与对照组相比也均没有明显差异，表明树干1∶50乙烯利输液对云杉种子发芽能力没有影响（表7-6）。

表 7-6　乙烯利处理下云杉种子的发芽能力（左建华，2017）

试验项目	处理	发芽率（15d）（%）	发芽势（8d）（%）	发芽指数
芽期喷雾	1∶200乙烯利	35.00a	23.33a	2.01a
	CK	22.50a	17.50a	1.26a
花期喷雾	1∶200乙烯利	35.83a	28.17a	2.06a
	CK	34.16a	30.83a	2.23a
输液	1∶50乙烯利	32.50a	25.00a	2.31a
	CK	26.67a	16.67a	1.50a

注：表中小写字母表示5%显著水平。

种子的生活力是判断种子质量优劣的重要指标之一，它反映了种子发芽的潜在能力和种胚的生命力。通过四唑染色法（TTC法），对云杉矮槲寄生芽期、花期用乙烯利喷雾、树干输液处理后收集到的寄主云杉种子进行生活力测定，三种防治处理下的寄主种子生活力与对照相比，均无显著差异，说明乙烯利防治后寄主种子的生活力没有受到影响（图7-6）。

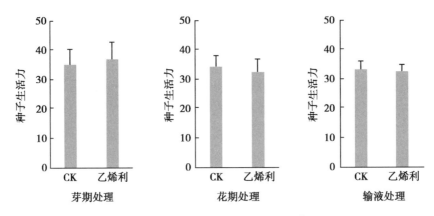

图7-6　乙烯利处理下云杉种子生活力（左建华，2017）

作者在试验过程中观察到，高浓度的乙烯利喷雾防治会对寄主造成一定的不良影响，包括针叶的发黄、脱落等，且药害反应在不同生长阶段的表现并不稳定。通过组织切片观察发现，喷施不同浓度（1∶200和1∶400）40%乙烯利水剂后，寄主的新发嫩枝针叶上产生离层，造成针叶脱落（附图33）。

喷施1∶500的40%乙烯利水剂后寄主嫩枝和芽的细胞没有明显的破碎死亡；随着乙烯利水剂浓度的增加，寄主嫩枝和芽细胞的破碎死亡量逐渐增加，1∶200的乙烯利水剂能够明显造成寄主芽和嫩枝细胞的死亡（附图34，附图35）。

因此，利用40%乙烯利水剂防治云杉矮槲寄生，作者建议：

（1）单次防治云杉矮槲寄生的时间应尽量选择在云杉矮槲寄生的花期至果期（6~9月）。

（2）可以使用柴油、植物油混配乙烯利进行喷雾，能够显著提高药效。

（3）试验浓度1∶200的40%乙烯利水剂喷雾防治效果最佳，但是对青海云杉新生枝条会产生一定程度药害，需要谨慎使用。

（4）尽量利用低浓度（1∶400~1∶500）乙烯利进行连续或多次防治。一是花期后喷施乙烯利能够造成云杉矮槲寄生花和果实的脱落，从而减少云杉矮槲寄生种子的产生，延迟云杉矮槲寄生的传播。二是此时期接近于云杉球果的成熟期，从时间的选择上避开了云杉新生枝条和球果的生长盛期，以降低药剂对寄主云杉的影响。

7.2　营林防治

7.2.1　营林措施的设计原则

理论上矮槲寄生的一些生物学特性使得利用营林措施对其进行控制会非常有效，主要包括以下五个方面：

（1）专性寄生。矮槲寄生需要活寄主来维持其生存和繁殖，当受侵染树木或枝条死亡、被砍伐时，寄生在枝条上的矮槲寄生也会随之死亡，并且无需进行烧毁、粉碎、削片、熏蒸等除害处理（前提是排除吸引小蠹等危害的可能）。

（2）寄主特异性。矮槲寄生通常只侵染一种或一类感病的寄主。具有免疫力或不易感病的寄主能够减弱其传播速率和危害程度。

（3）较长的生活周期。矮槲寄生存在潜伏期，因此完成一代生活史所需时间为 2~10 年，甚至更长。矮槲寄生种子弹射的传播方式使得自然扩散速率是相对较慢的，从而为设计和执行营林防治措施提供了时间和条件。

（4）种子弹射的局限性。矮槲寄生种子的水平弹射距离仅为 10~15m。重力作用和树冠的遮蔽有效地限制了矮槲寄生种子在垂直方向和水平方向的传播。同其他传播方式的概率相比，动物携带矮槲寄生传播的概率完全可以忽略不计。因此，矮槲寄生发生区域往往较为集中，而因矮槲寄生的空间分布不同所形成的林小班为试验和实践多样化的营林措施提供了条件。另外，即使在严重受害林地，新生树苗也是不感病的，并且在短时间内有一定概率不被侵染，可以为受侵染林班的重建提供条件。

（5）在树冠上的垂直传播速率较慢。矮槲寄生的侵染一般来说是开始于较低层树冠，并且垂直传播的速度较慢，使得树木的生长速度经常快于矮槲寄生垂直传播的速度。在立地条件较好的地区，树木的快速生长能一定程度上影响矮槲寄生的发生和扩散。因为寄主冠幅的迅速增大可以减弱光线穿透到下层树冠的能力。因此，林地密度的管理需求、矮槲寄生的生活周期、扩散速度等因素允许管理者采取营林措施以调节寄主和矮槲寄生之间的生长平衡（Hawksworth *et al.*，1985；Roth，1971；Alexander，1986）。

对于天然林区、经营性的林场、苗圃等地区，要通过经营和管理林木来减少林业有害生物的发生和危害，一般要以详细的监测和调查数据为支撑，根据不同的目的分类施策。受矮槲寄生侵染，尤其是被长时间侵染的林区、局部林地及寄主种群的状态，与未受侵染的健康林地相比会产生明显的差异。前文提到矮槲寄生的传播、扩散和危害程度会受到林地立地条件、环境以及寄主状态的影响，因此施用一项或多项营林和控制的技术措施，会对矮槲寄生及其寄主种群产生不同程度的正向或反向的影响。

在北美，矮槲寄生传播速率的经验值是每 10 年 10m（Dixon *et al.*，1979），在树木上的传播速率为每 10 年上升一个 DMR 等级（Geils *et al.*，1990），DMR 6 级树木的死亡周期大约也是 10 年（Hawksworth *et al.*，1990）（矮槲寄生的传播速率、严重程度和死亡率受许多因素影响，以上的这些数据只是用于表明传播和扩散过程时间程度的经验值）。

矮槲寄生的传播和发展速度从不同的视角和尺度去看，会得出不同的结论。随着森林在 100~200 年内不断演替，矮槲寄生能繁殖数十代。在最开始发生侵染的林地内，矮槲寄生能够以低指数速率不受限制地呈指数生长。直到林地整体的受害程度达到中度后，矮槲寄生种群的生长速率才逐渐受到限制，但在此之后，所造成的损害的累积速度又会逐渐增加（Tinnin *et al.*，1999）。

因此，营林措施的制定要充分考虑矮槲寄生侵染的动态变化及其对林地可能产生的潜在影响。特别是对于天然林、天然次生林等，一方面，一个受侵染林地在不受干预的情况下，与未受侵染林地相比，一段时间后的发展情况和状态必然不同；另一方面，较早、较频繁的人为干预可能会对林地发展、病害入侵、病害的动态变化及危害程度产生较明显的影响。当然，矮槲寄生入侵的时间和危害程度也受其他因素的影响。这意味着对处理措施的早期评价（例如处理完成时的即时评估）也许并不能为今后长期的影响结果提供很好的预测和判断。因此，采取措施后的长期监测必不可少。

这里提到对防治矮槲寄生的营林措施，通常包括：①收获采伐；②间伐、皆伐和卫生伐；③育林和造林；④以保护优势树种为主的选择性伐除；⑤修枝。

利用营林措施进行矮槲寄生的防治，思路大体分为两种：一种是直接对病害木进行修枝、伐除，消灭病原；另一种是基于宏观的思路，对林区的结构进行调整，阻断寄主的连续性，达到控制病害发生和传播的目的。

营林防治的操作规程和具体措施的一些要点如下：

（1）要对目标林区的矮槲寄生分布状况进行调查，一般呈现集中分布和散点分布两种情况。对矮槲寄生分布相对集中的林区，可以采取彻底卫生伐进行集中清理，防止其进一步扩散。对分布相对分散的，建议进行样地或小班详查，分情况处置。例如，病害等级较轻的可以修枝，病害等级高的可以轻度卫生伐。

（2）依据林区的类型来考虑管理措施。对于用材林，木材质量、产量直接关系到经济效益，就必须开展定期调查，发现被害木及时伐除或进行修枝处理。但对于天然林，以伐除为主的措施会可能严重破坏林分结构，影响生态平衡。在不能进行大量伐除作业的情况下，必须以林区的生态性作为首要考虑因素，在全面调查的基础上评估所采取措施的风险，并谨慎执行，以将风险降到最低。

（3）营林防治技术多是以控制矮槲寄生的扩散蔓延为主，其思路主要是通过伐除病害区域边缘林木开设隔离带，或栽种非寄主树木营造混交林等手段，以增强原林区的抗逆性，阻断矮槲寄生传播的连续性，达到控制病害的目的（Alexander，1986；Hawksworth *et al*.，1991；Amaranthus *et al*.，1998）。

另外，对病害木的伐除，国外也研究出了一套清晰的操作思路。主要是根据寄主不同的病害等级采取不同的措施。对 DMR 5~6 级的重度寄主必须彻底伐除；对 DMR 3~4 级的中度受害木采取伐除和修枝相结合的措施，即年生长高度超过 30cm 的寄主必须保留并采取修枝处理，或对集中于下部的寄生害、寄主枝条和丛枝进行修剪处理，但生长状况比较弱，生长缓慢的树木必须彻底伐除；对 DMR 1~2 级的树木要保留，可以轻度修枝（Mathiasen，1989；Conklin，2000）。

在此讨论的营林技术和措施只能作为一般性的指导原则，不同的矮槲寄生在不同的地区，需要运用多样性的、符合当地实际的措施来进行管理和防治。以下列举北美一些地区的矮槲寄生营林策略案例，以供参考（表 7-7）。

表 7-7　对矮槲寄生危害的北美针叶林管理的营林指导

森林类型	寄主种类	矮槲寄生种类 *Arceuthobium* sp.	参考文献
Black spruce	*Picea mariana*	A. pusilum	Johnson（1977） Ostry and Nicholls（1979）
California true fir	*Abies concolor* *A. magnifica*	A. abietinum	Filip and others（2000） Scharpf（1969b）
Douglas-fir	*Pseudotsuga menziesii*	A. douglasii	Hadfield and others（2000） Schmitt（1997）
Lodgepole pine	*Pinus contorta* var. *latifolia*	A. americanum	Hawksworth and Johnson（1989a）
Pinyon pine	*Pinus eduils* *P. monophylla*	A. divaricatum	Mathiasen and others（2002a）
Sugar pine	*Pinus lambertiana*	A. californicum	Scharpf and Hawksworth（1968）

（续表）

森林类型	寄主种类	矮槲寄生种类 *Arceuthobium* sp.	参考文献
Western hemlock	*Tsuga heterophylla*	*A. tsugense*	Hennon and others（2001） Muir（1993）
Western larch	*Larix occidentalis*	*A. laricis*	Beatty and others（1997） Taylor（1995）
Western pines	*Pinus jeffreyi* *P. ponderosa*	*A. campylopodum*	Schmitt（1996） Smith（1983）
Rocky Mountain Ponderosa pine	*Pinus ponderosa* var. *scopulorum*	*A. vaginatum* subsp. *cryptopdum*	Conklin（2000） Lightle and Weiss（1974）

值得注意的是，矮槲寄生产生的扫帚丛枝可以为森林内的鸟类、小动物提供栖息环境，因此在一些以野生动植物保护为优先的案例中，许多矮槲寄生得以保留（Bennetts *et al.*, 1996; Tinnin *et al.*, 1999）。因此，在实施一项营林措施之前，最重要的是要确定在林区内矮槲寄生的防治是否是必要的。在许多情况下，矮槲寄生的发生并没有对林地造成实质性的威胁，并且在自然条件下，矮槲寄生的传播也许会很慢，因此轻易地实施人为干预，有可能会破坏林地或林班生态的平衡状态。

7.2.2 云杉矮槲寄生的修枝防治技术

云杉矮槲寄生的侵染和危害，有一些重要的特征，为修枝防治云杉矮槲寄生提供了可能：

①云杉矮槲寄生可以进行系统侵染，其内寄生系统可在寄主枝条内部扩展（这意味着单独消灭外部寄生植株并不能完全杀死矮槲寄生）；②种子弹射是主要的传播方式，弹射距离主要集中在距离种源树 3~7m 之间；③云杉矮槲寄生的初侵染从寄主下部树冠开始，不断向上层树冠扩展；④云杉矮槲寄生发病等级在 DMR 3 级以上时，对寄主的生长造成显著削弱影响；⑤云杉矮槲寄生的侵染会形成典型的扫帚状丛枝。

2009~2014 年间，作者在青海省仙米林区，通过在固定大样地（100m×100m）内采取不同的修枝措施，对云杉矮槲寄生的营林防治方法进行了试验和研究。通过连续多年的修枝处理和监测，发现不同的修枝强度对云杉矮槲寄生的控制效果不同。修枝可以显著降低寄主的染病等级，其中修除树冠的 1/3、修除树冠的 1/2、树冠 1/3 和 1/2 混修的控制效果分别为 66.8%、70.4% 和 78.4%（图 7-7）。

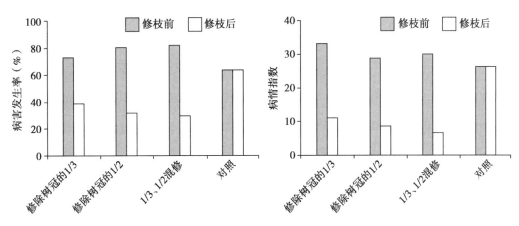

图 7–7　不同程度的修枝处理对云杉矮槲寄生害的防治效果

　　在此基础上，我们通过总结整理，形成了一套较为系统的修枝技术体系，提出了《云杉矮槲寄生害人工修枝技术规程（DB63/T 1345—2015）》。

　　（1）修枝原则。修枝遵循易操作原则，针对中下部树冠进行修枝；修枝最大强度不超过整个树冠的 2/3，修枝后应不影响云杉的正常生长发育，且不会引起次期性害虫的危害。

　　（2）单株云杉的修枝。针对每一株受害寄主，参照表 7–8 实施不同的修枝强度。

　　（3）不同发病程度云杉林林班修枝规定。将林地划分为不同的发病程度（表7–9），并根据不同的发病程度，采取相应的修枝措施。

表 7–8　云杉矮槲寄生害单株云杉修枝规定

危害等级（DMR）	症状描述	修枝强度	目的
没有侵染（DMR=0）	没有可见的扫帚状丛枝	清除枯枝	清除树体本身的枯枝、断枝；清除风倒木等
轻度侵染（DMR=1~2）	树冠1/3处或1/3以下受寄生害侵染	将树冠中、下层扫帚状丛枝枝条以下的受侵染枝条和未侵染枝条全部清除，修枝强度控制在整个树冠的1/3以下	将轻度侵染植株转变为健康植株或者减小危害等级，并且危害等级不会进一步发展，使寄主保持健康生长
中度侵染（DMR=3~4）	树冠1/3~2/3或2/3处受寄生害侵染	将树冠中、下层扫帚状丛枝枝条以下的受侵染枝条和未侵染枝条全部清除，修枝强度控制在整个树冠的2/3以下	降低中度侵染的危害等级，控制中度侵染植株迅速向重度侵染植株发展

（续表）

危害等级（DMR）	症状描述	修枝强度	目的
重度侵染（DMR=5~6）	2/3以上受寄生害侵染	清除树冠中、下部枝条，修枝强度控制在整个树冠的2/3以下	减少云杉矮槲寄生害的种子源；或清除重度侵染植株上已经死亡的丛枝枝条，以减轻树体本身的负担，维持植株的寿命

引自《云杉矮槲寄生害人工修枝技术规程（DB63/T 1345—2015）》

表7-9　不同发病程度云杉林林班修枝规定

危害程度	操作方法	目的
未发病林地	做好卫生伐，保持林地的清洁	
轻度发病林地（受害株率<30%；感病指数<15）	参照表7-8。DMR=1~2为主要修枝对象，修枝后无可见的丛枝；DMR=3~4降低危害等级，防止进一步向周围扩散，视具体情况可以清除；DMR=5~6直接移除	转变为健康林地
中度发病林地（30%≤受害株率<60%；15≤病情指数<30）	参照表7-8。以DMR=1~2为主要修枝对象；DMR=3~4降低危害等级，防止进一步向周围扩散；DMR=5~6清除死亡的丛枝枝条，同时清除林地的病虫害树木	采取降低DMR，控制云杉矮槲寄生害的种子数量，保持树势良好
重度发病林地（60%≤受害株<80；30≤感病指数<45）	（1）不采取修剪活枝的措施，保证林地的卫生清洁 （2）建立15~20m的隔离带或借助天然屏障（道路、河流、沟壑、非寄主树种等），防控云杉矮槲寄生害种子向周边的健康林地扩散	延长寄主的寿命，减少小蠹虫危害，提高森林景观
极重度发病林地（受害株≥80%；感病指数≥45）	（3）清除已经死亡的丛枝枝条，以减轻树体本身的负担，同时，也会减小森林火灾的发生。加强重度侵染林地病虫害的动态监测，做好防控工作，移除受云杉矮槲寄生害与病虫害协同危害的植株	

注：除非特别说明，均为成林发生（危害）程度标准，幼林的发生（危害）程度标准在此基础上相应降低1/3。

引自《云杉矮槲寄生害人工修枝技术规程（DB63/T 1345—2015）》

（4）修枝时间。当年11月至次年2月。

（5）修枝操作要求。①修枝要求工具锋利，修枝时切口应该平滑，以利于伤口愈合；②修枝时要沿树干将发病枝条整枝清除；③如果所修枝条较细，且没有

明显的枝瘤或枝领时，应该紧靠枝干，自枝条基部垂直切锯（图 7–8）；④如果
所修除的枝条直径大于 3cm，应该先从枝条下方先锯一口，再从上方起锯，最后
再由枝条基部修除，以免撕裂树皮；⑤伤口必须用油漆或者防腐剂封口；⑥将修
剪下来的丛枝枝条清理干净，集中销毁处理。

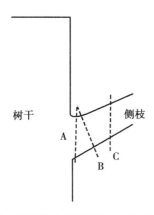
没有明显的枝瘤或枝领。A 为正确
修枝位置，B、C 为不正确的修枝
位置。

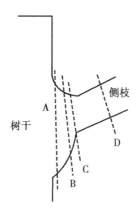
有明显的枝瘤或枝领。（1）枝径小于 3cm
时，采用 A 或 B 方法；（2）枝径大于 3cm
时，采用 B 或 C 方法；（3）不论枝径大小，
D 都是错误的方法。

图 7–8　云杉矮槲寄生修枝位置示意图
引自《云杉矮槲寄生害人工修枝技术规程（DB63/T 1345—2015）》

（6）修枝防效的调查和监测。在修枝处理前后，都要在修枝区选择具有代表
性的固定样地进行立地因子、林分因子、受害株率、云杉矮槲寄生 DMR 等防治
效果调查。同时，修枝后每年 5~9 月定期调查 1 次，监测修枝林地寄生害是否有
初次侵染或二次侵染的情况，以及是否引起次期性病虫害的发生。

按照《云杉矮槲寄生害人工修枝技术规程（DB63/T 1345—2015）》，
2014~2016 年，作者在青海省仙米林区对 4 种不同类型的云杉林进行修枝防治。
从修枝样地的受害株率和发病指数情况对比来看（图 7–9），修枝处理不能够降
低林内寄生害的受害株率，但是可以明显降低林内发病指数，降低云杉矮槲寄生
的危害程度，达到防治目的。

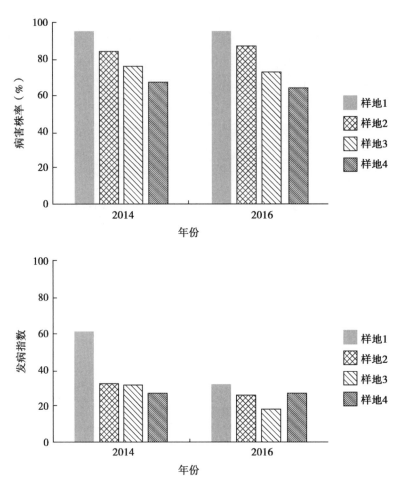

图 7-9　2014~2016 年修枝样地的矮槲寄生发生情况调查（左建华，2017）
注：A.示样地发病率，B.示样地病情指数。
样地 1 为自下而上修除树冠的 1/3；样地 2 为自下而上修除树冠的 1/2；样地 3 为针对不同发病等级的树进行有针对的修枝，如 DMR1~2 级自下而上修除可见丛枝（大约 1/3 树冠），3~6 级自下而上修除可见丛枝（大约 1/2 树冠）；样地 4 为对照，不进行任何修枝。

7.3　生物防治

　　生物防治是利用有机体（天敌、有益微生物或微生物的次生代谢产物）来抑制有害生物的生存，减少森林有害生物的发生，降低其发展程度，达到对病虫害进行有效防治的目的（张星耀等，2003）。生物防治针对性强，可以减少环境污染，维持基因、物种和生态系统的多样性。随着林业产业的发展，生物防治方法在林业病虫害防治中的作用越来越重要。作为预防、控制森林病虫害，保护森林资源，促进林业可持续发展的一种手段，已引起人们的高度重视。

生物防治方法的有效应用一般需要三方面要素的配合：大量培养病原物的技术条件、有效的防治释放系统以及一个详细的部署策略。自然界中，有很多真菌和昆虫寄生于矮槲寄生或者以矮槲寄生为食，但到目前为止尚没有研发出能够投入实际使用的生物防治方法。研究者们早期在巴基斯坦发现三种当地的植食性昆虫对矮槲寄生有取食迹象，但由于矮槲寄生的天敌昆虫受到气候、地域等因素的限制，引种后未能在北美地区取得显著的效果（Hawksworth *et al.*，1972；Askew *et al.*，2009，2011）。我国也报道过存在捕食矮槲寄生的昆虫（童俊等，1983），但所有报道都未对捕食矮槲寄生昆虫在生物防治上的可能性开展相应研究。然而，矮槲寄生在全球分布广泛，不同生境下存在大量潜在的生物因素制约着矮槲寄生的发生发展，探索以生物手段控制矮槲寄生害仍然是目前防治研究的热点领域。

7.3.1　国外的微生物防治矮槲寄生情况

在以生物手段控制矮槲寄生方面，利用真菌来对矮槲寄生进行防治的研究最多。重寄生性是真菌对矮槲寄生具有生防作用的主要机制，即真菌对矮槲寄生具有特异性的侵染能力和致病性。至今有许多关于矮槲寄生的生防真菌的研究，研究者在美国西北部等地区筛选到四种具有发展前景的真菌：*Caliciopsis*（*Wallrothiella*）*arceuthobi*，*Cylidrocarpon*（*Septogloeum*）*gillii*，*Colletotrichum gloeosporioides* 和 *Neonectria neomacrospora*。其中 *C. gloeosporioides* 和 *N. neomacrospora* 被认为是最有希望的微生物生防因子。

Caliciopsis（*Wallrothiella*）*arceuthobii* 是最早被发现的矮槲寄生重寄生真菌，它能够侵染 *A. pusillum*、*A. americanum*、*A. douglasii* 和 *A. vaginatum*（Dowding，1931；Kuijt，1963，1969；Wicker *et al.*，1968；Knutson *et al.*，1979）。侵染通常起始于矮槲寄生花期，真菌的子囊孢子通过昆虫、风或雨的携带传播到矮槲寄生的花上。2 个月后，在矮槲寄生果期，菌丝穿透果实，寄主果实和种子周围布满菌丝，正常的果实和种子发育被破坏。这种真菌在加拿大西部、美国和墨西哥广泛分布，但是该菌在实际应用方面存在最大的问题是在野外喷施菌剂后，第一年自然侵染率很高（有 80% 的花受到侵染），第二年却很低（几乎没被侵染）。

Cylidrocarpon（*Septogloeum*）*gillii* 能够引起矮槲寄生雌雄株感病，通常会在寄生芽的分节处产生白色的斑点，随后产生大量透明的柱形或者纺锤形的分生孢子（Ellis，1946；Gill，1935；Muir，1973）。该菌能够侵染北美地区大多数矮

槲寄生种类，包括生长于加拿大西部的 *A. americanum*，*A. douglasii* 和 *A. tsugense* subsp. *tsugense*（Kope *et al.*，2000；Shamoun，1998；Wood，1986）。

胶孢炭疽菌 *Colletotrichum gloeosporioides* 最早是在 *Arceuthobium americanum* 和 *A. tsugense* 上分离得到的。虽然在不同矮槲寄生上所分离到的菌株在菌丝生长、菌落颜色、孢子形成上都有明显区别，但是经过鉴定均为 *Colletotrichum gloeosporioides*，并且该菌种不会引起矮槲寄生寄主发病，对寄主是安全的。*C. gloeosporioides* 侵染初期会在矮槲寄生的芽或果实的分节处产生褐色至黑褐色的病斑，随后病斑扩大连成片，最终导致果实和芽的死亡（Parmeter *et al.*，1959）。一些野外试验研究表明，*C. gloeosporioides* 可以侵染 *A. campylopodum* 的雌雄株（Wicker，1967）；用分生孢子悬浮液林间活体接种 *Arceuthobium tsugens*，在果期防治效果可达 40.5%（Askew *et al.*，2011）。经过实验室、温室和田间试验，*C.gloeosporioides* 被证实容易培养且能在较大温度范围内存活，其致病机理是影响矮槲寄生芽的发育，从而阻断了矮槲寄生的繁殖，并且其可以作用于寄生芽抽发后的任何时期，因此这种真菌被认为有着广泛的应用前景（Deeks *et al.*，2001，2002；Ramsfield，2002）。

Neonectria neomacrospora 在由 *Arceuthobium tsugense* 所引起的扫帚丛枝上十分常见（Kope *et al.*，2000；Shamoun，1998），该菌能够对矮槲寄生植株产生不同程度的影响，主要表现在成功侵染矮槲寄生的寄生芽后，可以减少果实和种子的产生（Shamoun *et al.*，2003）。Rietman 等（2005）在 *Neonectria neomacrospora* 对 *Arceuthobium tsugense* 进行的防治试验中，证实了该菌能侵染并杀死矮槲寄生的内寄生系统。

总之，寄生真菌要被用于矮槲寄生的生物防治，需要具备以下几个特性：①其寄主只能是矮槲寄生，而不能是矮槲寄生的寄主或其他林地或地被植物；②其生物学活动严重干扰矮槲寄生的生活史；③其能在受侵染的矮槲寄生上产生大量菌落；④其能够在较大范围内存活，以满足大范围控制矮槲寄生的目的；⑤其分布要与矮槲寄生的分布相符；⑥其应对矮槲寄生具有高传染性和高致病性。

同时，在应用真菌菌剂来对矮槲寄生进行防治时，也面临与化学防治相同的难点，即矮槲寄生外部植株的死亡并不能表示整个寄生植物的死亡，即使外部植株被杀死，矮槲寄生的内部寄生系统可能仍然存活于寄主体内。

7.3.2 国内的微生物防治矮槲寄生情况

作者从生防真菌的筛选和应用等方面，对生物防治云杉矮槲寄生进行了研究。

通过对青海、四川等地区青海云杉上的云杉矮槲寄生进行详细观察和采样，发现有大约 4 种病原物侵染的症状类型（附图 36 至附图 39）：

（1）变色症状（附图 36）。发病的云杉矮槲寄生色泽发生改变，形成斑驳，变色部分的轮廓不清，矮槲寄生的叶绿素明显受到破坏，但其组织细胞未死亡。

（2）坏死形成斑点（附图 37）。形状大小不同，轮廓清楚，像岛屿一样，植株的细胞和组织已死亡。

（3）腐烂（附图 38）。组织大面积坏死，细胞消解。根据腐烂的部位，大多为茎腐，也有果腐。

（4）萎蔫枯萎（附图 39）。植株缺水凋萎，茎的皮层组织完好。

通过大量的样品采集、组织分离和离体接种云杉矮槲寄生试验，得到 2 个对云杉矮槲寄生具有致病性的菌株：B2-2 和 B20-2（图 7-10）。

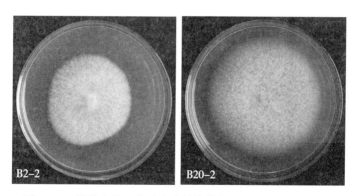

图 7-10　被选出的 2 个致病菌株的菌落形态（赵敏，2016）

菌株 B2-2、B20-2 可在云杉矮槲寄生接种部位造成不同程度的组织坏死、腐烂，可引起云杉矮槲寄生明显发病（附图 40）。室内接种后 2 天在接种部位产生浅褐色病变，并短时间内迅速向四周扩展蔓延变黑，7 天后可造成整株云杉矮槲寄生的萎蔫、腐烂，发病率均达到 100%，雌雄株发病无差异。发病症状与采集到的自然发病的云杉矮槲寄生相似。

同时作者选取了 2 株分离自杨树的胶孢炭疽菌 *Colletotrichum gloeosporioides*，编号为 CFCC80308 和 M1-6，对云杉矮槲寄生进行菌饼伤口接种，结果表明胶孢炭疽菌 *C. gloeosporioides* 能使云杉矮槲寄生产生暗褐色至黑色的病变（附图 41）。接种 7 天后可发现云杉矮槲寄生的茎产生由褐色至黑色的坏死区域，后期病斑扩大包围矮槲寄生的茎，导致整株云杉矮槲寄生的死亡。

以 2 株致病菌 B2-2、B20-2 及胶孢炭疽菌 *Colletotrichum gloeosporioides* M1-6、

CFCC80308 的分生孢子悬浮液（图 7-11）离体喷雾接种云杉矮槲寄生。结果表明 4 个菌株的分生孢子悬浮液均能使云杉矮槲寄生致病（附图 42）。接种孢子悬浮液 8 天后云杉矮槲寄生的茎可见明显的发病区域，平均发病率在 50% 以上，采用 Duncun 和 LSD 方差分析，选取的显著性水平为 0.05，经过方差分析菌株处理与对照之间是存在显著性差异的（表 7-10）。

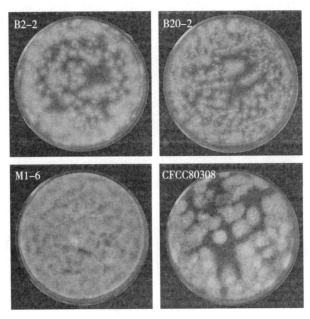

图 7-11 分生孢子活性检测（赵敏，2016）

注：上图为 B2-2 菌落、B20-2 菌落，下图为胶孢炭疽菌 *Colletotrichum gloeosporioides* M1-6 菌落、胶孢炭疽菌 *Colletotrichum gloeosporioides* CFCC80308 菌落。

表 7-10 采用孢子悬浮液离体接种云杉矮槲寄生的平均发病率（赵敏，2016）

处理的菌株编号	平均发病率（%）
B2-2	58.0 ± 9.3a
B20-2	58.4 ± 11.7a
M1-6	66.2 ± 9.6a
CFCC80308	61.1 ± 12.1a
缓冲液对照	21.0 ± 2.6b
无菌水	13.0 ± 8.9b

注：不同小写字母代表 0.05 水平显著差异。

对菌饼伤口接种及分生孢子悬浮液喷雾接种的发病组织进行再分离，均可重新获得相应的接种菌株（图 7-12），四种菌株以不同方式接种的分离率存在差异（表 7-11）。

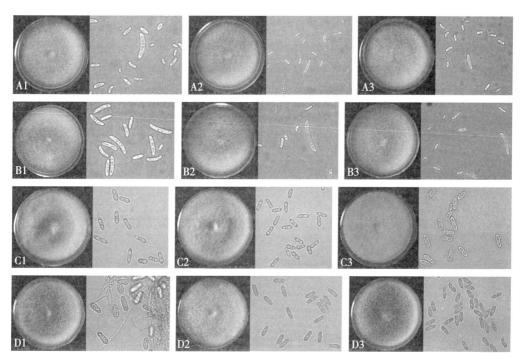

图 7-12　室内离体接种后从病样中再分离的菌株与原菌株的菌落形态及分生孢子（赵敏，2016）

注：A. B2-2 菌株；B. B20-2 菌株；C. M1-6 菌株；D. CFCC80308 菌株。

编号 1 的图为原接种菌株，编号 2 的图为菌饼接种的病样中分离获得的菌株，编号 3 的图为分生孢子悬浮液接种的病样中分离获得菌株。

表 7-11　离体接种云杉矮槲寄生发病后从病样中再分离菌株的比率（赵敏，2016）

菌株编号	菌饼伤口接种			孢子悬浮液喷雾接种		
	分离组织块	再分离获得菌株	分离率（%）	分离组织块	再分离获得菌株	分离率（%）
B2-2	4	4	100	4	4	100
B20-2	4	4	100	5	5	100
M1-6	3	3	100	8	5	62.5
CFCC80308	9	7	77.8	8	8	100

7.3.3 云杉矮槲寄生生防真菌的菌种鉴定

根据病原物的培养性状，菌落的生长速率，大、小型分生孢子的大小及着生方式和厚垣孢子的有无等性状，参照镰刀菌的分类系统，菌株 B2-2、B20-2 经鉴定为腐皮镰刀菌 *Fusarium solani*。

该菌在 PDA 培养基上菌落白色，菌丝发达，边缘较为平整。25℃培养 4 天后，PDA 培养基上菌落直径 4.1~5.1cm。其大型分生孢子的形状两端比较钝；顶细胞有稍微的弯曲，多数 3 个分隔，20.2~42.0μm×3.9~6.3μm。小型分生孢子，卵形，也有肾形的，0~1 个分隔，5.2~18.9μm×2.8~6.5μm。生长前期，产孢细胞会从气生菌丝的顶端长出，产孢方式为单瓶梗产孢，产孢梗不分枝，分生孢子以假头状的形式着生在产孢梗上。厚垣孢子丰富，在菌丝的顶端单个独立存在（图 7-13）。

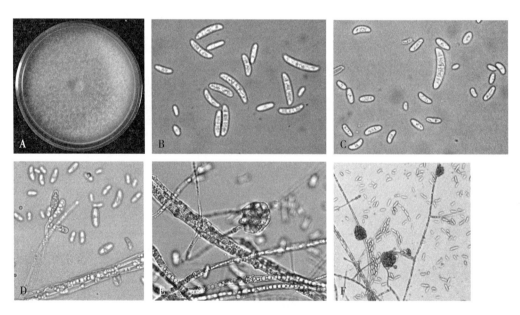

图 7-13 腐皮镰刀菌（*Fusarium solani*）的形态特征（赵敏，2016）
注：A. 菌落；B-C. 大、小型分生孢子；D. 单瓶梗产孢；E-F. 假头状着生。

通过对菌株 B2-2 和 B20-2 进行 rDNA-ITS 序列 PCR 扩增，可扩增出明亮清晰的特异性条带，大小约为 580bp。菌株 B2-2 和 B20-2 的扩增序列与腐皮镰刀菌 *Fusarium solani* 同源性达到了 99%。选取同源性较高 *Fusarium solani* AB258993、*Fusarium solani* HM064429、*Fusarium solani* JF436948 序列，再另加已有的形态与 B2-2 和 B20-2 差异较大的镰刀菌菌株 A1 和 A5。以 *Zygophiala wisconsinensis* 和 *Fusarium oxysporum* 为外群构建系统发育树（图 7-14），结果表明 B2-2 与 *Fusarium solani* AB258993 以 99% 的支持度聚在同一分支上，B20-2 与 *Fusarium solani* JF436948 以 76% 的支持度聚在一个分支上。结合形态特征综合分析确定菌株 B2-2 和 B20-2 为腐皮镰刀菌（*Fusarium solani*）。

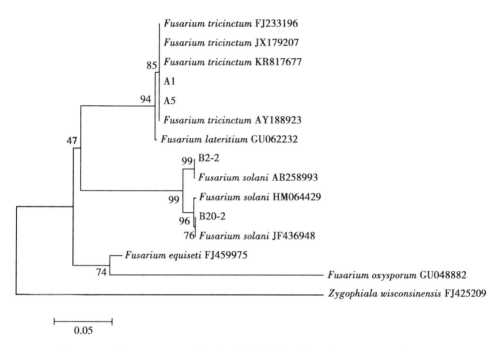

图 7-14　基于 rDNA-ITS 基因序列构建的镰刀菌系统进化树（赵敏，2016）

7.3.4　生防真菌防治云杉矮槲寄生的田间试验

作者 2016 年在青海省仙米林区受云杉矮槲寄生危害的青海云杉样地内，以 2 株腐皮镰刀菌 *Fusarium solani* B2-2、B20-2 及胶孢炭疽菌 *Colletotrichum gloeosporioides* M1-6 和 CFCC80308 的分生孢子缓冲液林间活体接种云杉矮槲寄生。实际观察发现，只有胶孢炭疽菌 *Colletotrichum gloeosporioides* CFCC80308 使云杉矮槲寄生致病，所接种的其他致病菌均不能使寄主云杉发病，对寄主是安全的（附图 43）。对云杉矮槲寄生茎的发病组织可重新分离获得致病菌株，分离率 71.4%。胶孢炭疽菌野外能使云杉矮槲寄生的茎分节处边缘产生褐色病斑，并皱缩凹陷，后期会导致茎的干瘪。发病严重时会扩展整个云杉矮槲寄生的茎，导致茎的脱落。28 天后发病率达到稳定，为 8.4%（附图 44）。

林间活体接种筛选出的 4 株致病菌株中，只有 1 株胶孢炭疽菌 CFCC80308

对云杉矮槲寄生表现出致病性，其原因可能是云杉矮槲寄生的生活力不同所致。矮槲寄生的生存需要活寄主的存在，在室内离体接种时，矮槲寄生脱离活寄主，失去了寄主的营养供给，生活力下降，因此较容易受到致病菌的侵染。在林间，只有胶孢炭疽菌是半活体营养型，因此能够在活体上侵染云杉矮槲寄生。在青海仙米林区进行林间接种，在孢子萌发侵染的 6h 内的最低温度 19℃，湿度 34%；最高温度为 23.5℃，湿度 30%。12h 内的最高温度为 24℃，但是湿度只有 30%；最低温度达到 16℃，湿度为 53%。这与室内人工气候培养箱中的温湿度存在差异，也可能是导致林间接种时致病菌侵染率很低的原因。

其他的因素也可能影响 *Colletotrichum gloeosporioides* 在林间试验的功效，比如分生孢子的浓度、缓冲液组成成分等。有研究者在林间用 *C. gloeosporioides* 分生孢子缓冲液接种 *Arceuthobium tsugense* 时，对 *C. gloeosporioides* 的孢子悬浮液进行特殊配制，添加淀粉、玉米油、蔗糖等，分别配制为 5.3×10^6 个·mL^{-1} 和 6.0×10^6 个·mL^{-1} 的分生孢子缓冲液，能显著提升 *C. gloeosporioides* 对矮槲寄生的自然侵染率（Askew et al.，2011）。

镰刀菌依然可作为潜在的生防菌资源。据报道镰刀菌可以对烟草列当、向日葵列当产生良好的防治效果，并且生防菌施用的次数越多，喷施生防菌的时间越接近列当的生长繁殖期，防治效果越好（吴元华等，2011；丁丽丽等，2012）。

7.4 矮槲寄生的快速分子检测

云杉矮槲寄生能形成较重的危害，一个主要原因在于其内寄生系统的系统性侵染。较长的潜育期使得矮槲寄生在寄生芽抽发出来之前，内寄生系统已经在寄主皮层和木质部内生长并开始吸取寄主养分。另外，苗木的健康状况对于植树造林起着关键性的作用，就云杉矮槲寄生在中国青海省的发生情况而言，云杉苗木的早期诊断是其栽培调运的前提。

为了对云杉矮槲寄生的早期诊断提供技术支持，为对云杉苗木的栽培以及云杉矮槲寄生的防治提供可靠的依据，作者建立了云杉矮槲寄生 PCR 反应体系、Real-Time 标准体系和环介导等温扩增技术（LAMP）反应体系，探索出了一套对云杉矮槲寄生快速、灵敏的检测方法。

7.4.1 云杉矮槲寄生的 PCR 反应体系

根据云杉矮槲寄生 ITS 序列设计引物，通过筛选确定了 PCR 反应的最佳引物 1~F1/1~R2，利用这对引物可扩增出长度为 198bp 的云杉矮槲寄生 ITS 序列片段，其序列详情如表 7-12。

表 7-12 云杉矮槲寄生的 PCR 引物序列（赵瑛瑛，2016）

引物名称	引物序列（5'-3'）
1-F1	TGTGTAAAGGTGATGCTCAT
1-R1	TTGTAAGTGACTTACACTCGA

根据设计筛选出的 PCR 引物，对其添加浓度及退火温度进行优化，确定最优的反应体系及反应条件见表 7-13。

表 7-13 云杉矮槲寄生的 PCR 25μL 反应体系（赵瑛瑛，2016）

试剂名称	添加量（μL）	试剂名称	添加量（μL）
2xTaq Master Mix	12.5	DNA模板	1
1-F1	0.5（0.2μM）	补水至	25
1-R1	0.5（0.2μM）		

PCR 反应条件：94℃，5min；94℃，30s，60℃，30s，72℃，30s；33 个循环；延伸 72℃，10min。

对采集于青海省门源县仙米国家森林公园讨拉沟东山的不同寄主（青海云杉、青杆、油松）上的云杉矮槲寄生及其健康寄主进行 DNA 提取，以水为空白对照，进行 PCR 引物的特异性检测，结果显示引物的特异性良好（图 7-15）。

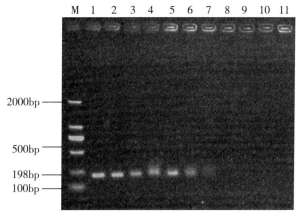

图 7-15 云杉矮槲寄生及寄主的 PCR 引物的特异性试验（赵瑛瑛，2016）
注：M=DL2000 Marker，1，2，3=（青海云杉）云杉矮槲寄生，4，5，6=（青杆）云杉矮槲寄生，7=（油松）云杉矮槲寄生，8= 健康青海云杉，9= 健康青杆，10= 健康油松，11= 空白对照。

将云杉矮槲寄生的 DNA 进行梯度稀释，配制成 10^1、10^0、10^{-1}、10^{-2}、10^{-3}、10^{-4}、10^{-5}、10^{-6}、10^{-7}、10^{-8}、10^{-9}ng·μL^{-1} 等多个浓度梯度，进行 PCR 反应，电泳图结果表明（图 7-16），反应体系最低可检测到 10^{-1}ng·μL^{-1} 云杉矮槲寄生的 DNA 浓度。

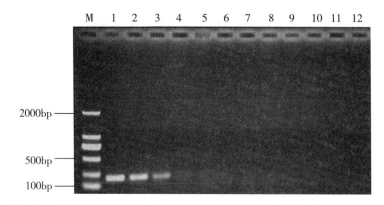

图 7-16　云杉矮槲寄生 ITS 序列 PCR 的灵敏度试验（赵瑛瑛，2016）

注：M=DL2000Marker，模板 DNA 浓度（ng·μL^{-1}）的数量级为：1=10^1，2=10^0，3=10^{-1}，4=10^{-2}，5=10^{-3}，6=10^{-4}，7=10^{-5}，8=10^{-6}，9=10^{-7}，10=10^{-8}，11=10^{-9}，12=健康寄主（青海云杉），13= 空白对照。

根据云杉矮槲寄生的 ITS 和 clpP 序列，并利用普通 PCR 对引物进行初筛选，再利用 Real-Time PCR 进一步筛选，最终确定根据云杉矮槲寄生的 clpP 序列设计的 RT-F1/RT-R1 为 Real-Time PCR 反应的引物，引物序列见表 7-14 所示。通过 Real-Time PCR 标准体系对云杉矮槲寄生进行检测，灵敏度可以检测到 10^{-4}ng·μL^{-1} 的 DNA 浓度。

表 7-14　云杉矮槲寄生的 Real-Time PCR 引物序列（赵瑛瑛，2016）

引物名称	引物序列（5'-3'）
RT-F1	CTGGAAGCGGAAGA
RT-R1	GAATACAACCCATAACG

7.4.2　云杉矮槲寄生的环介导等温扩增技术（LAMP）反应体系

根据云杉矮槲寄生的 ITS 序列及叶绿体基因序列，设计 LAMP 引物（附图 45），筛选出了特异性较强的引物序列（表 7-15）。

表 7-15　云杉矮槲寄生的 LAMP 引物序列（赵瑛瑛，2016）

引物名称	Sequence（5'-3'）
3-F3	CAAGGGGCTGATAGTGAA
3-B3	GGATAAAAGATCCCATTGAGG
3-FIP	TCCGCCAGGAGAGTTTATAAAAAAAGAATCAACTTATTAGTCTGATGGT
3-BIP	GGTCATCCCAGGAGTCGCTACTAAGCCTATACATATAGTCTGTAC
3-LB	ACACTATGCAATTTGTTCGACCAGA

通过对 LAMP 反应中各反应成分浓度进行优化，建立了云杉矮槲寄生的 LAMP 反应体系，见表 7-16 和图 7-17 所示。

表 7-16　云杉矮槲寄生的 LAMP 反应体系（赵瑛瑛，2016）

试剂名称	终浓度	添加量（μL）
10xThermoPol	1x	2.5
dNTPs（10mM）	0.6mM	1.5
MgSO$_4$（100mM）	4mM	0.5
Bst（8U·μL^{-1}）	12U	1.5
3-FIP（10μM）	1.12μM	2.8
3-BIP（10μM）	1.12μM	2.8
3-F3（10μM）	0.28μM	0.7
3-B3（10μM）	0.28μM	0.7
3-LB（10μM）	0.4μL	1
Betaine（5M）	1M	5
HNB（5mM）	150uM	0.75
DNA		1
ddH$_2$O		补充至25

为了检验 LAMP 反应的灵敏性，将云杉矮槲寄生的 DNA 进行梯度稀释，并进行 LAMP 反应，最低检出限为 10^{-2}ng·μL^{-1}（附图 46）。

利用以上两种方法对田间样品进行检测，可以在无寄生芽着生的枝条内检测云杉矮槲寄生，表明两种方法均可用于云杉矮槲寄生的检测，为云杉矮槲寄生的早期诊断提供了技术支持。Real-Time PCR 技术需要专门的仪器设备，成本高，而且操作复杂，反应耗时长；而 LAMP 在恒温条件下即可完成整个反应，设备要

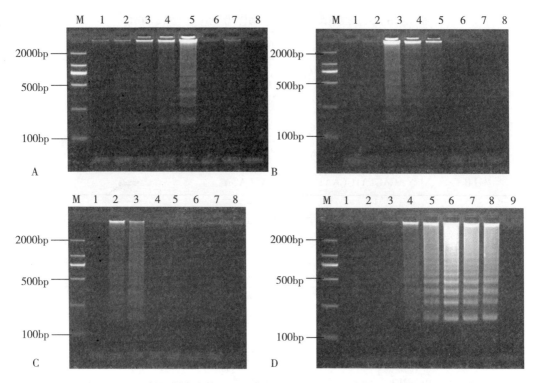

图 7-17　云杉矮槲寄生的 LAMP 各反应条件的优化试验（赵瑛瑛，2016）

注：A. 不同 Bst DNA 聚合酶浓度的影响；B. 不同 Mg^{2+} 浓度的影响；C. 不同 dNTPs 浓度的影响；D. 引物总浓度的影响。

求简单，产物检测比较直观，在 LAMP 反应前加入羟基萘酚蓝（HNB）染料，通过混合液的颜色可直接判断扩增发生与否，反应结果直接肉眼可以观察到，减少了凝胶电泳的繁琐程序，操作简单，比较适合在基层普及。

参考文献

白云，陈磊，朱宁波，等，2016. 云杉矮槲寄生遗传多样性及其群体遗传结构分析 [J]. 西北植物学报，36 (3): 458-466.

白云，2015. 云杉矮槲寄生遗传多样性及其群体遗传结构分析 [D]. 北京：北京林业大学.

曹生奎，冯起，司建华，等，2009. 植物叶片水分利用效率研究综述 [J]. 生态学报，29 (7): 3882-3892.

陈世苹，白永飞，韩兴国，2002. 稳定性碳同位素技术在生态学研究中的应用 [J]. 植物生态学报，26 (5): 549-560.

丁丽丽，张学坤，赵思峰，等，2012. 引起新疆向日葵列当茎基腐病的镰刀菌分离与鉴定 [J]. 新疆农业科学 (06): 1096-1102.

丁丽丽，2012. 列当高效生防菌的筛选及其防治机理研究 [D]. 石河子：石河子大学.

傅辉恩，1988. 祁连山北坡小蠹区系初步研究 [J]. 北京林业大学学报，10 (3): 1-3.

高发明，陈磊，田呈明，等，2015. 云杉矮槲寄生的侵染对青杆光合与蒸腾作用的影响 [J]. 植物病理学报，45 (1): 14-21.

高发明，2014. 云杉矮槲寄生的发生特征分析及其对青杆光合与蒸腾作用的影响 [D]. 北京：北京林业大学.

韩富忠，丁启含，冶均森，等，2010. "三江源"隆务河流域天然林区小蠹区系初步研究 [J]. 中国森林病虫 (2): 28-30.

胡阳，田呈明，才让旦周，等，2014. 青海仙米林区云杉矮槲寄生空间分布格局及其与环境的关系 [J]. 北京林业大学学报，36 (1): 102-108.

胡阳，2013. 青海省云杉矮槲寄生危害的影响因子与防治研究 [D]. 北京：北京林业大学.

姜宁，孙秀玲，李学武，等，2017. 青海云杉矮槲寄生害的危害评估：以青海省仙米林场、麦秀林场为例 [J]. 西北林学院学报，1: 190-196.

金燕，卢宝荣，2003. 遗传多样性的取样策略 [J]. 生物多样性，11 (2): 155-161.

雷静品，封晓辉，施征，等，2012. 海拔梯度上青海云杉径向生长与气候关系稳定性研究 [J]. 西北植物学报，32 (12): 2518-2529.

李斌，董锁成，江晓波，等，2008. 若尔盖湿地草原沙化驱动因素分析 [J]. 水土保持研究，15 (3): 112-120.

李贺，张维康，王国宏，2012. 中国云杉林的地理分布与气候因子间的关系 [J]. 植物生态学报，36 (5): 372-381.

李涛，马明呈，谭建萍，2010. 仙米林区云杉矮槲寄生危害状况及防治 [J]. 青海大学学报，28 (3): 69-72.

李学武，2015. 青海省云杉矮槲寄生的化学防治效果及评价 [D]. 北京：北京林业大学.

廖咏梅，周广泉，周志权，等，1992. 日本菟丝子的生防研究：寄生真菌的筛选和利用 [J]. 广西植物 (01): 88-94.

刘丽，骆有庆，吴坚，等，2007. 青海云杉天然林内小蠹种群空间生态位的研究 [J]. 北京林业大学学报，29 (5): 165-169.

刘丽，2008. 青海云杉天然林小蠹虫种类、生态位与监测技术研究 [D]. 北京：北京林业大学.

刘晓东，李强，2006. 除草剂莠去津对草地早熟禾草坪除草效果的影响 [J]. 东北林业大学学报，34 (1): 60-61.

刘占林，杨雪，2007. 5 种松树的遗传多样性和遗传分化研究 [J]. 西北植物学报，27 (12): 2385-2392.

马建海，淮稳霞，赵丰钰，2007. 云杉矮槲寄生：危害青海云杉的寄生植物 [J]. 中国森林病虫，26 (1): 19-21.

马静，2011. 麦秀林区小蠹发生情况及防治技术 [J]. 青海农林科技 (3): 89-90.

秦秋婕，2003. 附子浸渍液对七种草本花卉植物的药害试验初报 [J]. 南方农业，7 (8): 39-43.

丘华兴，任纬，1982. 西藏油杉寄生属一新种 [J]. 云南林学院学报 (1): 42-45.

丘华兴, 1984. 中国槲寄生亚科植物新资料 [J]. 中国科学院大学学报, 22 (3): 205–208.

孙秀玲, 许志春, 才让丹周, 等, 2014. 云杉矮槲寄生种子雨的时空分布格局 [J]. 西北林学院学报, 29 (4): 65–68.

田呈明, 陈磊, 高发明, 等, 2015. 云杉矮槲寄生害人工修枝技术规程 [S]. DB63/T1345–2015, 青海省地方标准, 青海省质量技术监督局.

童俊, 任玮, 1983. 油杉寄生 (*Arceuthobium chinense* Lecomte) 生活史的初步研究 [J]. 西南林学院学报 (1): 19–25.

王野, 陈磊, 田呈明, 等, 2017. 基于 ISSR 方法的云杉矮槲寄生遗传多样性分析 [J]. 西北植物学报, 37 (11): 2153–2162.

王野, 2018. 基于 ISSR 方法的云杉矮槲寄生遗传多样性研究 [D]. 北京: 北京林业大学.

吴加军, 2006. 不同剂型草甘膦药效评价与抗 (耐) 草甘膦杂草监测 [D]. 南京: 南京农业大学.

吴琴, 胡启武, 郑林, 等, 2010. 青海云杉叶寿命与比叶重随海拔变化特征 [J]. 西北植物学报, 30 (8): 1689–1694.

吴玉虎, 2004. 巴颜喀拉山地区植物区系研究 [J]. 植物分类与资源学报, 26 (6): 587–603.

吴元华, 宁繁华, 刘晓琳, 等, 2011. 生防镰刀菌 (*Fusarium* sp.) 对烟草列当的防效 [J]. 烟草科技 (10): 78–80.

吴征镒, 2003. 中国植物志 [M]. 北京: 科学出版社.

夏博, 田呈明, 骆有庆, 等, 2010. 云杉矮槲寄生开花特性及化学防控 [J]. 林业科学, 46 (4): 98–102.

夏博, 2011. 云杉矮槲寄生对天然云杉林的影响及成灾因子 [D]. 北京: 北京林业大学.

薛永贵, 马永胜, 王晓萍, 2003. 黄南州云杉八齿小蠹发生危害及防治对策 [J]. 青海农林科技 (3): 18–19.

薛永贵, 2008. 光臀八齿小蠹生物学特性及防治初报 [J]. 安徽农学通报, (13): 62–78.

殷蕙芬, 黄复生, 1996. 中国四眼小蠹属研究及三新种和一新亚种记述 (鞘翅目:

小蠹科) [J]. 动物分类学报 , 21 (3): 348.

于海彬 , 张镱锂 , 2013. 青藏高原及其周边地区高山植物谱系地理学研究进展 [J]. 西北植物学报 , 33 (6): 1268–1278.

云南省植物研究所 , 1983. 云南植物志 [M]. 北京 : 科学出版社 .

张超 , 陈磊 , 田呈明 , 等 , 2016. 基于 GARP 和 MaxEnt 的云杉矮槲寄生分布区的预测 [J]. 北京林业大学学报 , 38 (5): 23–32.

张超 , 2016. 气候条件对云杉矮槲寄生害的影响分析 [D]. 北京 : 北京林业大学 .

张聪 , 张慧 , 2006. 信息可视化研究 [N]. 武汉工业学院学报 .

张星耀 , 骆有庆 , 2003. 中国森林重大生物灾害 [M]. 北京 : 中国林业出版社 : 108–109.

赵敏 , 2016. 云杉矮槲寄生生防微生物的筛选 [D]. 北京 : 北京林业大学 .

赵瑛瑛 , 2016. 云杉矮槲寄生快速分子检测方法的建立及应用 [D]. 北京 : 北京林业大学 .

中国科学院植物研究所 , 1982. 中国高等植物图鉴补编 [M]. 北京 : 科学出版社 .

周在豹 , 许志春 , 田呈明 , 等 , 2007a. 矮槲寄生的生物学特性及管理策略 [J]. 中国森林病虫 , 26 (4): 37–39.

周在豹 , 许志春 , 田呈明 , 等 , 2007b. 促使云杉矮槲寄生果实提前脱落药剂筛选 [J]. 中国森林病虫 , 26 (3): 39–41.

周在豹 , 2007. 三江源云杉矮槲寄生生物学特性及防治研究 [D]. 北京 : 北京林业大学 .

朱宁波 , 陈磊 , 白云 , 等 , 2015. 云杉矮槲寄生内寄生系统的解剖学研究 [J]. 西北植物学报 , 35 (7): 1342–1348.

朱宁波 , 2016. 云杉矮槲寄生侵染过程的组织解剖学观察 [D]. 北京 : 北京林业大学 .

左建华 , 2017. 青海仙米林场云杉矮槲寄生防治效果评价 [D]. 北京 : 北京林业大学 .

Alexander M E, Hawksworth F G, 1975. Wildland fires and dwarf mistletoes: a literature review of ecology and prescribed burning [R]. USDA Forest Service-General Technical Repoyt RM–14, Rocky Mountain Forest and Range Experiment Station, 1–12.

Alexander R R, 1986. Silvicultural systems and cutting methods for old-growth spruce-fir forests in the central and Southern Rocky Mountains [R]. USDA Forest Service-

General Technical Report RM-14, Rocky Mountain Forest and Range Experiment Station, 126.

Alosi M C, Calvin C L, 1984. The anatomy and morphology of the endophytic system of *Arceuthobium* spp. [M]. In Hawksworth FG, Scharpf RF, Technical coordinators, Biology of dwarf mistletoes: proceedings of the symposium, 40–52.

Alosi M C, Calvin C L, 1985. The ultrastructure of dwarf mistletoe (*Arceuthobium* spp.) sinker cells in the region of the host secondary vasculature [J]. Canadian Journal of Botany, 63 (5): 889–898.

Alosi, M. Carol, 1978. The curious anatomy of *Arceuthobium* in regards to host/parasite water relations and translocation [C]. Proceedings of the Twenty-sixth Annual Western International Forest Disease Work Conference, Tucson, AZ, 35–43

Amaranthus M P, Weigand J F, Abbott R, 1998. Managing high-elevation forests to produce American matsutake (*Ticholoma magnivelare*) , high-quality timber, and nontimber forest products [J]. Western Journal of Applied Forestry, 13: 120–128.

Amico G A, Nickrent D L, 2009. Population structure and phylogeography of the mistletoes *T. Corymbosus* and *T. Aphyllus* (Loranthaceae) using chloroplast DNA sequence variation [J]. Amercian Journal of Botany, 96 (8): 1571–1580.

Amico G C, Vidal-Russell R, Aizen M A, et al., 2014. Genetic diversity and population structure of the mistletoe *Tristerix corymbosus* (Loranthaceae) [J]. Plant Systematics and Evolution, 300 (1): 153–162.

Andrews S R, Daniels J P, 1960. A survey of dwarf mistletoes in Arizona and New Mexico [R]. Station Paper. US Department of Agriculture, Forest Service, Rocky Mountain Forest and Range Experiment Station.

Anderson E, 1948. Hybridization of the habitat [J]. Evolution, 2: 1–9.

Antonova G F, Stasova V V, 1993. Effects of environmental factors on wood formation in Scots pine stems [J]. Trees, 7: 214–219.

Askew S E, Shamoun S F, van der Kamp B J, 2009. An in vitro method for screening *Colletotrichum gloeosporioides* as a biological control agent for western hemlock dwarf mistletoe [J]. Forest Pathology, 39: 279–288.

Askew S E, Shamoun S F, van der Kamp B J, 2011. Assessment of *Colletotrichum gloeosporioides* as a biological control agent for management of hemlock dwarf mistletoe (*Arceuthobium tsugense*) [J]. Forest Pathology, 41: 444–452.

Ayala F J, Kiger J A, 1984. Modern genetics [M]. Benjamin and Cummings: Menlo Park.

Bannister P, Graham L S. 2001. Carbon and nitrogen isotope ratios, nitrogen content and heterotrophy in New Zealand mistletoes [J]. Oecologia, 126: 10–20.

Bannister P, 1989. Nitrogen concentration and mimicry in some New Zealand mistletoes [J]. Oecologia, 79: 128–132.

Barlow B A, Wiens D, 1971. The cytogeography of the Loranthaceous mistletoes [J]. Taxon, 20: 291–312.

Barlow B A, 1983. Biogeography of Loranthaceae and Viscaceae [A]. The biology of mistletoes: 19–46.

Barrett L G, Thrall P H, Burdon J J, et al., 2008. Life history determines genetic structure and evolutionary potential of host-parasite interactions[J]. Trends in Ecology & Evolution, 23 (12): 678–685.

Beckman K M, Roth L F, 1968. The influence of temperature on longevity germination of seed of western dwarf mistletoe [J]. Phytopathology, 58: 147–150.

Bennetts R E, White G C, Hawksworth F G, et al., 1996. The Influence of Dwarf Mistletoe on Bird Communities in Colorado Ponderosa Pine Forests[J]. Ecological Applications, 6 (3): 899.

Bernhardt P, 1983. The floral biology of *Amyema* in southeastern Australia. In: Calder M, Bernhardt P, et al. The biology of mistletoes[M]. Sydney, Australia, Academic Press: 87–100.

Bolsinger C L, 1978. The extent of dwarf mistletoe in six principal softwoods in California, Oregon and Washington, as determined from forest survey records [R]. Proceedings of the symposium on dwarf mistletoe control through forest management, 11–13.

Brandt J P, Brett R D, Knowles K R, et al., 1998. Distribution of severe dwarf mistletoe damage in west central Canada [J]. Natural Resources Canada, 13: 29–34.

Brandt J P, Hiratsuka Y, Pluth D J, 2005. Germination, penetration, and infection by *Arceuthobium americanum* on *Pinus banksiana* [J]. Canadian Journal of Forest Research, 35 (8): 1914–1931.

Brandt J P, Hiratsuka Y. Pluth D J, 2004. Extreme cold temperatures and survival of overwintering and germinated *Arceuthobium americanum* seeds [J]. Canada Journal of Forest Research, 34: 174–183.

Burban C, Petit R J, Carcreff E, et al., 1999. Rangewide variation of the maritime pine bast scale *Matsucoccus feytaudi* Duc. (Homoptera: Matsucoccidae) in relation to the genetic structure of its host [J]. Molecular Ecology, 8: 1593–1602.

Calvin C L, Wilson C A, Varughese G, 1991. Growth of longitudinal strands of *Phoradendron juniperinum* (Viscaceae) in shoots of *Juniperus occidentalis* [J]. Annals of Botany, 67: 153–161.

Calvin C L, Wilson C A, 1996. Endophytic system [M]// Hawksworth F G, Wiens D. Dwarf Mistletoe: Biology, Pathology, and Systematics . Agriculture Handbook, Washington DC: U.S. Department of Agriculture, Forest Service: 113–122.

Calvin C L. 1967. Anatomy of the endophytic system of the mistletoe *Phoradendron flavescens* [J]. Botanical Gazette, 128 (2): 117–137.

Cechin I, Press M C. 1993. Nitrogen relations of the sorghum-*Striga hermonthica* host-parasite association: growth and photosynthesis [J]. Plant Cell and Environment, 16: 237–247.

Chen S P, Bai Y F, Zhang L X, et al. 2005. Comparing physiological responses of two dominant grass species to nitrogen addition in Xilin River Basin of China [J]. Environmental and Experimental Botany, 53: 65–75.

Clusiu C, 1596. Rariorum aliquot stirpium per Hispanais observatarum historia, libris duobus expressa ad Maximillianum. Ⅱ [M]. Antwerp, Belgium: Plantinus: 529.

Coetzee J, Fineran B A. 1987. The apoplastic continuum, nutrient absorption, and plasmatubules in the dwarf mistletoe *Korthalsella lindsayi* (Viscaceae) [J]. Protoplasma, 136: 145–153.

Coetzee J, Fineran B A. 1989. Translocation of lysine from the host *Melicope simplex* to the parasitic dwarf mistletoe *Korthalsella lindsayi* (Viscaceae) [J]. New Phytologist, 112: 377–381.

Cognato A I, Sun J H. 2007. DNA based cladograms augment the discovery of a new Ips species from China (Coleoptera: Curculionidae: Scolytinae) [J]. Cladistics, 23 (6):

1–13.

Cohen L I. 1954. The anatomy of the endophytic system of the dwarf mistletoe *Arceuthobium campylopodum* [J]. American Journal of Botany, 41: 840–847.

Conklin D A. 2000. Dwarf mistletoe management and forest health in the Southwest [R]. US Department of Agriculture, Forest Service, Southwestern Region.

Crandall K A, Templeton A R. 1993. Empirical tests of some predictions from coalescent theory with applications to intraspercific phylogeny reconstruction [J]. Genetics, 134 (4): 959–969.

Danser R H. 1950. A theory of systematics [J]. Bibliography of Biotheory, 4: 113–180.

Deeks S J, Shamoun S F, Punja Z K. 2002. Histopathology of callus and germinating seeds of *Arceuthobium tsugense* subsp. *tsugense* infected by *Cylindrocarpon cylindroides* and *Colletotrichum gloeosporioides*[J]. International Journal of Plant Sciences, 163 (5): 765–773.

Deeks S J, Shamoun S F, Punja Z K. 2001. In vitro germination and development of western hemlock dwarf mistletoe [J]. Plant Cell, Tissue, and Organ Culture, 66: 97–105.

Delannoy E, Fujii S, Francs-Small C C D, et al. 2011. Rampant gene loss in the underground orchid *Rhizanthella gardneri* highlights evolutionary constraints on plastid genomes [J]. Molecular Biology and Evolution, 28 (7): 2077–2086.

Dixon G E, Hawksworth F G. 1979. A spread and intensification model for southwestern dwarf mistletoe in ponderosa pine [J]. Forest Science, 1979, 25 (1): 43–52.

Dobbertin M, Brang P. 2001. Crown defoliation improves tree mortality models [J]. Forest Ecology and Management, 141: 271–284.

Dobbertin M, Rigling A. 2006. Pine mistletoe (*Viscum album* ssp. Austriacum) contributes to Scots pine (*Pinus sylvestris*) mortality in the Rhone valley of Switzerland [J]. Forest Pathology, (36): 309–322.

Dobbertin M. 2005. Forest growth as indicator of tree vitality and tree reaction to environmental stress: a review [J]. European Journal of Forest Research, 124: 319–333.

Dobbertin M. 1999. Relating defoliation and its causes to premature tree mortality. In

Methodology of Forest Insect and Disease Survey in Central Europe [C]. Proceedings of the Second Workshop of the IUFROWP, 215–220.

Dowding E S. 1931. *Wallrothiella arceuthobii*, a parasite of jack-pine mistletoe [J]. Canadian Journal of Research, 5: 219–230.

Drummond D B. 1982. Timber loss estimates for the coniferous forests in the United States due to dwarf mistletoes [R]. Department of Agriculture, Forest Service, Forest Pest Management, Methods Application Group.

Edmunds G F, Alstad D N. 1978. Coevolution in insect herbivores and conifers [J]. Science, 199: 941–945.

Ehleringer J R, Schulze E D, Ziegler H, et al. Xylem-tapping mistletoes: water or nutrient parasites？ [J] Science, 1985, 227: 1479–1481.

Ehleringer J R. 1993. Carbon and water relations in desert plants: an isotopic perspective. In Stable Isotope and Plant Carbon-Water Relations [M]. Academic Press, 155–172.

Ellis D E. 1946. Anthracnose of dwarf mistletoe caused by a new species of *Septogloeum* [J]. Journal Elisha Mitchell Scientific Society, 62: 25–50.

Evans J R, Terashima I. 1987. Effects of nitrogen nutrition on electron transport components and photosynthesis in spinach [J]. Functional Plant Biology, 14: 59–68.

Farquhar G D, Ehleringer J R, Hubick K T. 1989. Carbon isotope discrimination and photosynthesis [J]. Annual Review of Plant Biology, 40: 503–537.

Farquhar G D, O'Leary M H, Berry J A. 1982. On the relationship between carbon isotope discrimination and the intercellular carbon dioxide concentration in leaves [J]. Functional Plant Biology, 9: 121–137.

Fisher J T. 1983. Water relations of mistletoes and their hosts [J]. The biology of mistletoes, 1: 161–184.

Friedman C M, Ross B N, Martens G D. 2010. Antibodies raised against tobacco aquaporins of the PIP2 class label viscin tissue of the explosive dwarf mistletoe fruit [J]. Plant Biology, 12: 229–233.

Gagne G, Roeckel-Devet P, Grezes-Besset B, et al. 1998. Study of the variability and evolution of *Orobanche cumana* populations infesting sunflower in different European countries [J]. Theoretical and Applied Genetics, 96: 1216–1222.

García M A, Costea M, Kuzmina M, et al. 2014. Phylogeny, character evolution, and biogeography of Cuscuta (dodders; Convolvulaceae) inferred from coding plastid and nuclear sequence [J]. American Journal of Botany, 101 (4): 670–690.

García-Franco J G, Souza V, Eguiart L E, et al. 1998. Genetic variation, genetic structure and effective population size in the tropical holoparasitic endophyte *Bdallophyton bambusarum* (Rafflesiaceae) [J]. Plant systematics and evolution, 210 (3): 271–288.

Garnett G N. 2002. Wildlife use of witches' brooms induced by dwarf mistletoe in ponderosa pine forests of northern Arizona [D]. Flagstaff: Northern Arizona University.

Geils B W, Mathiasen R L. 1990. Intensification of dwarf mistletoe on southwestern Douglas-fir [J]. Forest Science, 36: 955–969.

Geils B W, Tovar J C, Moody B H. 2002. Mistletoes of North America conifers [R]. US Department of Agriculture, Forest Service, Rocky Mountain Research Station.

Gilbert J A, Punter D, 1991. Germination of pollen of the dwarf mistletoe *Arceuthobium americanum* [J]. Canadian Journal of Botany, 68: 685–688.

Gilbert J A, Punter D, 1990. Release and dispersal of pollen from dwarf mistletoe on jack pine in Manitoba in relation to microclimate [J]. Canadian Journal of Forest Research, 20: 267–273.

Gill L S, Hawksworth F G, 1954. Dwarf mistletoe control in southwestern ponderosa pine forests under management [J]. Journal of Forestry, 347–353.

Gill L S, Hawksworth F G, 1961. The mistletoes, a literature review [J]. Technical Bulletin, 1242: 1–87.

Gill L S, 1935. *Arceuthobium* in the United States [J]. Connecticut Academy of Arts and Sciences Transactions, 32: 111–245.

Golding G B, 1987. The detectiong of deleterious selection using ancestors inferred from a phylogenetic history [J]. Genetical Research, 49 (2): 71–82.

Grant V, 1981. Plant speciation. 2nd ed[M]. New York: Columbia University Press: 563.

Hamrick J L, Godt M J W, Sherman-Broyles S L, 1992. Factors influencing levels of genetic diversity in woody plant species [J]. New Forests, 6 (1–4): 95–124.

Hamrick J L, Godt M J W, 1996. Effects of life history traits on genetic diversity in plant species [J]. Philosophical Transactions of the Royal Society of London. Series B: Biological Sciences, 351: 1291–1298.

Handel-Mazetti, H, 1929. Symbolae Sinicae: Botanische Ergebnisse der Expedition der Akademie der Wissenschaften Wien nach Südwest China 1914–1918 [M]. Vienna: Julius Springer.

Hawksworth F G, Geils B W. How long do mistletoe-infected ponderosa pines live? [J]. Western Journal of Applied Forestry, 1990, 5 (2): 47–48.

Hawksworth F G, Geils B W, 1985. Vertical spread of dwarf mistletoe in thinned ponderosa pine in Arizona [R]. US Department of Agriculture, Forest Service, Rocky Mountain Forest and Range Experiment Station.

Hawksworth F G, Gill L S, 1960. Rate of spread of dwarf mistletoe in ponderosa pine in the Southwest [R]. US Department of Agriculture, Forest Service, Research Note RM–42.

Hawksworth F G, Johnson D W, 1989. Biology and management of dwarf mistletoe in lodgepole pine in the Rocky Mountains [R]. US Department of Agriculture, Forest Service, Rocky Mountain Forest and Range Experiment Station.

Hawksworth F G, Scharpf R, Marosy M, 1991. European mistletoe continues to spread in Sonoma County [J]. California Agriculture, 45 (6): 39–40.

Hawksworth F G, Wiens D, 1993. Change in status of a dwarf mistletoe (*Arceuthobium*, Viscaceae) from China [J]. Novon A Journal for Botanical Nomenclature, 3 (2): 126.

Hawksworth F G, Wiens D, 1996. Dwarf Mistletoes: Biology, Pathology and Systematics [M]. Agricultual Handbook 709. Washington DC: USDA Forest Service.

Hawksworth F G, 1961. Dwarf mistletoe of ponderosa pine in the Southwest [J]. Technical Bulletin, 1246: 1–126.

Hawksworth F G, 1965a. Life tables for two species of dwarf mistletoe I. Seed dispersal, interception, and movement [J]. Forest Science, 11: 142–151.

Hawksworth F G, Wiens D, 1972. Biology and classification of dwarf mistletoes (*Arceuthobium*) [M]. Agriculture Handbook 401. Washington DC: USDA Forest Service.

Hawksworth F G, Wiens D, 1984. Biology and classification of *Arceuthobium*: an update[R]// Biology of dwarf mistletoes: Proceedings of the symposium. Fort Collins, CO. General Technical Report RM-111, U.S. Department of Agriculture, Forest Service, Rocky Mountain Forest and Range ExperimentStation, 2-17.

Hawksworth F G, Wiens D, 1970. New taxa and nomenclatural changes in *Arceuthobium* (Viscaceae) [J]. Brittonia, 22: 265-269.

Hawksworth F G, 1961b. Abnormal fruits and seeds in *Arceuthobium* [J]. Madrono, 16: 96-101.

Hawksworth F G, 1977. The 6-class dwarf mistletoe rating system [R]. US Department of Agriculture. Forest Service, Rocky Mountain Forest and Range Experiment Station.

Hedwall S J, 2000. Bird and mammal use of dwarf mistletoe induced witches' brooms in Douglas-fir in the Southwest [D]. Flagstaff: Northern Arizona University.

Heinricher E, 1924. Das Absorptionssystem der Wacholdermistel (*Arceuthobium oxycedri* DCMB) mit besonderer Beriicksichtigung seiner Entwicklung unter Leistung [J]. Akademie der Wissenschaften, Wien, Mathematisch-Naturwissen-schaftliche Klasse, 132: 143-194.

Hessburg P F, Mitchell R G, Filip G M, 1994. Historical and current roles of insects and pathogens in eastern Oregon and Washington forested landscapes [R]. US Department of Agriculture, Forest Service, Pacific Northwest Research Station.

Hinds T E, Hawksworth F G, McGinnies W J, 1963. Seed discharge in *Arceuthobium*: a photographic study [J]. Science, 140: 1236-1238.

Hinds T E, Hawksworth F G, 1965. Seed dispersal velocity in four dwarf mistletoes [J]. Science, 148: 517-519.

Hoffman G F, 1808. Enumeratio plantarum et seminum hort botanici mosquensis [M]. Moscow: Hortus Mosquensis.

Holling C S, 1992. Cross-scale morphology, geometry, and dynamics of ecosystems [J]. Ecological Monographs, 62 (4): 477-502.

Hudson D N, 1966. The megasporogenesis of *Arceuthobium americanum* Engelm [D]. Missoula, MT: University of Montana.

Jerome C A, Ford B A, 2002a. The discovery of three genetic races of the dwarf mistletoe *Arceuthobium americanum* (Viscaceae) provides insight into the evolution of parasitic angiosperms [J]. Molecular Ecology, 11 (3): 387–405.

Jerome C A, Ford B A, 2002b. Comparative population structure and genetic diversity of *Arceuthobium americanum* (Viscaceae) and its Pinus host species: insight into host-parasite evolution in parasitic angiosperms [J]. Molecular Ecology, 11 (3): 407–420.

Johnson D W, Yarger L C, Minnemeyer C D, et al., 1976. Dwarf mistletoe as a predisposing factor for mountain pine beetle attack of ponderosa pine in the Colorado Front Range [R]. US Department of Agriculture, Forest Service, Rocky Mountain Region, Forest Insect and Disease Management.

Jones B, Gorden C C, 1965. Embryology and development of the endosperm haustorium of *Arceuthobium douglasii* [J]. American Journal of Botany. 52: 127–132.

Kenaley S C, Mathiasen R L, Daugherty C M, 2006. Selection of dwarf mistletoe-infected ponderosa pines by *Ips* species (Coleoptera: Scolytidae) in northern Arizona [J]. Western North American Naturalist, 66: 279–284.

Kenaley S C, Mathiasen R, Harner E J, 2008. Mortality associated with a bark beetle outbreak in dwarf mistletoe-infested ponderosa pine stands in Arizona [J]. Western Journal of Applied Forestry, 23 (2): 113–120.

Kipfmueller K F, Baker W L, 1998. Fires and dwarf mistletoe in a Rocky Mountain lodgepole pine ecosystem [J]. Forest Ecology and Management, 108: 77–84.

Kiu H S, 1984a. *Arceuthobium* and its hosts in southwestern China [J]. American Journal of Botany, 71: 57–58.

Kiu H S, 1984b. Materials for Chinese viscoideae [J]. Journal of University of Chinese Academy of Sciences, 22 (3): 205–208.

Knutson D M, Hutchins A S, 1979. *Wallrothiella arceuthobii* infecting *Arceuthobium douglasii*: culture and field inoculation [J]. Mycologia, 71: 821–828.

Knutson D M, Tinnin R, 1980. Dwarf mistletoe and host tree interactions in managed forests of the Pacific Northwest [R]. US Department of Agriculture, Forest Service, Pacific Northwest Research Station.

Knutson D M, 1984. Seed development, germination behavior, and infection characteristics of several species of *Arceuthobium* [R]. US Department of Agriculture, Forest Service, Rocky Mountain Forest and Range Experiment Station.

Knutson D M, 1969. Effect of temperature and relative humidity on longevity of stored dwarf mistletoe seeds [J]. Phytopathology, 59: 1035.

Kolb T E, 2002. Ecophysiology of parasitism in the plant kingdom [J]. Plantas Parasitas de la Peninsula Iberica e Islas Baleares (Guide on Parasitic Plants of the Iberian Peninsula and the Balearic Islands) , 57–85.

Kope H H, Shamoun S F, 2000. Mycoflora associates of western hemlock dwarf mistletoe plants and host swellings collected from southern Vancouver Island, British Columbia [J]. Canadian Plant Disease Survey, 80: 144–147.

Kuijt J, 1963. Distribution of dwarf mistletoes and their fungus hyperparasites in Western Canada [J]. National Museum of Canada Bulletin, 186: 134–148.

Kuijt J, 1960. Morphological aspects of parasitism in the dwarf mistletoes (*Arceuthobium*) [J]. University of California Publications in Botany, 30: 337–436.

Kuijt J, 1969. The biology of parasitic flowering plants [M]. California, Berkeley: University of California Press.

Lamont B, 1983. Germination of mistletoes [M]. Sydney, Australia: Academic Press, 129–143.

Leopold E B, 1967. Late-Cenozoic patterns of plant extinction. In: Pleistocene extinctions: the search for a cause. Martin P S, Wright H E, et al. [M]. New Haven, CT: Yale University Press: 203–246.

Linhart Y B, Snyder M A, 1994. Differential host utilization by two parasites in a population of ponderosa pine [J]. Oecologia, 98: 117–120.

Linhart Y B, 1984. Genetic variability in the dwarf mistletoes *Arceuthobium vaginatum* subsp. *cryptopodum* and *A. americanum* on their primary and secondary hosts [J]. Biology of dwarf mistletoes, 36–39.

Liu L, Wu J, Luo Y Q, et al., 2008. Morphological and biological investigation of two pioneer *Ips* bark beetles in natural spruce forests in Qinghai, northwest China [J], Forest Studies in China, 10 (1): 19–22.

Livingston N J, Guy R D, Ethier G J, 1999. The effects of nitrogen stress on the stable carbon isotope composition, productivity and water use efficiency of white spruce (*Picea glauca* (Moench) Voss) seedlings [J]. Plant Cell and Environment, 22: 281–

289.

Livingston W H, Brenner M L, Blanchette R A, 1984. Altered concentrations of abscisic acid, indole-3~acetic acid, and zeatin riboside associated with eastern dwarf mistletoe infections on black spruce [R]. General technical report, Rocky Mountain Forest and Range Experiment Station, USDA, Forest Service.

Logan B A, Demmig-Adams B, Rosenstiel T N, et al., 1999. Effect of nitrogen limitation on foliar antioxidants in relationship to other metabolic factors [J]. Planta, 209: 213–220.

Logan B A, Huhn E R, Tissue D T, 2002. Photosynthetic characteristics of eastern dwarf mistletoe (*Arceuthobium pusillum* Peck) and its effects on the needles of host white spruce (*Picea glauca* (Moench) Voss) [J]. Plant Biology, 4: 740–745.

Luo T X, Luo J, Pan Y D, 2005. Leaf traits and associated ecosystem characteristics across subtropical and timberline forests in the Gongga Mountains, Eastern Tibetan Plateau [J]. Oecologia, 142: 261–273.

Maffei H M, Beatty J S, Hessburg P F, 1987. Incidence, severity and growth losses associated with ponderosa pine dwarf mistletoe on the Gila National Forest, New Mexico [R]. US Department of Agriculture, Forest Service.

Maffei H M, Beatty J S, 1988. Changes in the incidence of dwarf mistletoe over 30 years in the Southwest [C]// Proceedings 36th Western International Forest Disease Work Conference, Park City, Utah: 88–90.

Ma Q J, Jiang N, Gao F M, et al., 2019. First Report of *Arceuthobium sichuanense*, a Dwarf Mistletoe, on *Pinus tabuliformis* in Qinghai Province, China [J]. Plant Disease, 103 (6): 1436

Mark W R, Hawksworth F G, Oshima N, 1976. Resin disease: a new disease of lodgepole pine dwarf mistletoe [J]. Canadian Journal of Forest Research, 6: 415–424.

Marshall K, Mamone M S, Barclay R B, 2000. A survey of northern spotted owl nests in Douglas-fir dwarf mistletoe brooms in the Siskiyou Zone, Rouge River National Forest and Ashland Resource Area, Medford District, Bureau of Land Management [R]. US Department of Agriculture, Forest Service, Southwest Oregon Forest Insect and Disease Service Center.

Mathiasen R L, 1989. Management of dwarf mistletoes using uneven-aged cutting methods[C]. In: Proceedings of the 9th Intermountain Region Silviculture Workshop, Jackson Hole Wyoming: 186–194.

Mathiasen R L, Nickrent D L, Shaw D C, et al., 2008. Mistletoes: pathology, systematics, ecology, and management [J]. Plant Disease, 92 (7): 988–1006.

Mathiasen R L, 1996. Dwarf mistletoes in forest canopies [J]. Northwest Science, 70: 61–71.

Mathiasen R L, Marshall K, 1999. Dwarf mistletoe diversity in the Siskiyou-Klamath Mountain Region [J]. Natural Areas Journal, 19: 379–385.

McCambridge W F, Hawksworth F G, Edminster C B, et al., 1982. Ponderosa pine mortality resulting from a mountain pine beetle outbreak [R]. US Department of Agriculture. Forest Service, Rocky Mountain Forest and Range Experiment Station.

Mcneal J R, Kuehl J V, Boore J L, et al., 2007. Complete plastid genome sequences suggest strong selection for retention of photosynthetic genes in the parasitic plant genus *Cuscuta* [J]. BMC Plant Biology, 79 (1): 57.

Meinzer F C, Woodruff D R, Shaw D C, 2004. Integrated responses of hydraulic architecture, water and carbon relations of western hemlock to dwarf mistletoe infection [J]. Plant Cell and Environment, 27: 937–946.

Meng L H, Yang R, Abbott R J, et al., 2007. Mitochondrial and chloroplast phylogeography of *Picea crassifolia* Kom. (Pinaceae) in the Qinghai-Tibetan Plateau and adjacent highlands [J]. Molecular Ecology, 16 (19): 4128–4137.

Monning E, Byler J, 1992. Forest health and ecological integrity in the Northern Rockies [R]. US Department of Agriculture. Forest Service, Northern Region, Forest Pest Management.

Muir J A, 1966. A study of epidemics of lodgepole pine dwarf mistletoe in Alberta [D]. Vancouver, BC: University of British Columbia.

Muir J A, 1973. *Cylindrocarpon gillii*, a new combination for *Septogloeum gillii* on dwarf mistletoe [J]. Canadian Journal of Botany, 51: 1997–1998.

Mutikainen P, Koskela T, 2002. Population structure of a parasitic plant and its perennial host [J]. Heredity, 89: 318–324.

Nadler S A, 1995. Microevolution and the genetic structure of parasite populations [J]. Journal of Parasitology, 81: 395–403.

Naithani H B, Singh P, 1989. Note on the occurrence of the genus *Arceuthobium* M. Bieb. in Eastern Himalaya [J]. Indian Forestry, 115: 196.

Nicholls T H, Egeland L, Hawksworth F G, Johnson D W, et al., 1987. Control of dwarf mistletoe with ethephon [C]// Proceedings of 34th Annual Western International Forest Disease Work Conference: 78–85.

Nicholls T H, Hawksworth F G, Merrill L M, 1984. Animal vectors of dwarf mistletoe, with special reference to *Arceuthobium americanum* on lodgepole pine [R]. General technical report, Rocky Mountain Forest and Range Experiment Station, USDA, Forest Service.

Nickrent D L, Butler T L, 1990. Allozymic relationships of *Arceuthobium campylopodum* and allies in California [J]. Biochemical Systematics and Ecology, 18 (4): 253–265.

Nickrent D L, García M A, Martín M P, et al., 2004. A phylogeny of all species of *Arceuthobium* (Viscaceae) using nuclear and chloroplast DNA sequences [J]. American Journal of Botany, 91 (1): 125–138.

Nickrent D L, García M A, 2009. On the brink of holoparasitism: plastome evolution in dwarf mistletoes (*Arceuthobium*, Viscaceae) [J]. Journal of Molecular Evolution, 68 (6): 603–615.

Nickrent D L, 1986. Genetic polymorphism in the morphologically reduced dwarf mistletoes (*Arceuthobium*, Viscaceae): an electrophoretic study [J]. American Journal of Botany, 73 (10): 1492–1502.

Nybom H, Bartish I V, 2000. Effects of life history traits and sampling strategies on genetic diversity estimates obtained with RAPD markers in plants [J]. Perspectives in Plant Ecology Evolution and Systematics, 3 (2): 93–114.

Nybom H, 2004. Comparison of different nuclear DNA markers for estimating intraspecific genetic diversity in plants [J]. Molecular Ecology, 13 (5): 1143–1155.

Orr H A, Orr L H, 1996. Waiting for speciation: The effect of population subdivision on the time to speciation [J]. Evolution, 50 (5): 1742.

Panvini A D, Eickmeier W G, 1993. Nutrient and water relations of the mistletoe,

Phoradendron leucarpum (Viscaceae): how tightly are they integrated? [J]. American Journal of Botany, 80: 872–878.

Parks C A, Hoffman J T, 1991. Control of western dwarf mistletoe with the plant-growth regulator ethephon [R]. US Department of Agriculture. Forest Service, Pacific Northwest Forest and Range Experiment Station.

Parry C C, 1872. Visit to the original locality of the new species of *Arceuthobium* in Warren County, New York [J]. American Naturalist, 6 (7): 403–404.

Parmeter J R, Hood J R, Scharpf R F, 1959. Colletotrichum blight of dwarf mistletoe[J]. Phytopathology, 49: 812–815.

Patterson T B, Guy R D, Dang Q L, 1997. Whole-plant nitrogen-and water-relations traits, and their associated trade-offs, in adjacent muskeg and upland boreal spruce species [J]. Oecologia, 110 (2): 160–168.

Peck C H, 1875. Report of the botanist [J]. New York State Museum Report, 27: 73–116.

Phoenix G K, Press M C, 2005. Linking physiological traits to impacts on community structure and function: the role of root hemiparasitic Orobanchaceae (ex-Scrophulariaceae) [J]. Journal of Ecology, 93: 67–78.

Player G, 1979. Pollination and wind dispersal of pollen in *Arceuthoubium*[J]. Ecological Monographs, 49: 73–87.

Press M C, Phoenix G K, 2005. Impacts of parasitic plants on natural communities [J]. New Phytologist, 166: 737–751.

Price P W, 1980. Evolutionary biology of parasites [M]. New Jersey: Princeton University Press.

Quick C R, 1962. Chemical control. Unit IX. Leafy mistletoes (*Phoradendron* spp.) [C]. In Proceedings 10th western international forest disease work conference, 15–19.

Quick C R, 1964. Experimental herbicide control of dwarf mistletoe on some California conifers [R]. US Department of Agriculture. Forest Service, Pacific Southwest Forest and Range Experiment Station.

Ramsfield T D, 2002. Investigations into a biological control strategy for lodgepole pine dwarf mistletoe [D]. Vancouver, BC: University of British Columbia.

Raven P H, Libing Zhang, Ihsan A. Al-Shehbaz et al., 2013. Flora of China [M]. Beijing:

Science Press, Missouri Botanical Garden Press.

Reblin J S, Logan B A, Tissue D T, 2006. Impact of eastern dwarf mistletoe (*Arceuthobium pusillum*) infection on the needles of red spruce (*Picea rubens*) and white spruce (*Picea glauca*): oxygen exchange, morphology and composition [J]. Tree Physiology, 26: 1325–1332.

Reif B P, Mathiasen R L, Kenaley S C, et al., 2015. Genetic structure and morphological differentiation of three western north American dwarf mistletoes (*Arceuthobium*, Viscaceae) [J]. Systematic Botany, 40 (1): 191–207.

Reich P B, Walters M B, Ellsworth D S, 1992. Leaf life-span in relation to leaf, plant, and stand characteristics among diverse ecosystems [J]. Ecological Monographs, 62: 365–392.

Rey L, Sadik A, Fer A, Renaudin S, 1991. Trophic relations of the dwarf mistletoe *Arceuthobium* oxycedri with its host *Juniperus oxycedrus*[J]. Journal of Plant Physiology, 138: 411–416.

Richardson S D, Dinwoodie J M, 1960. Studies on the physiology of xylem development. I. The effects of night temperature on tracheid size and wood density in conifers [J]. Journal of the Institute of Wood Science, 6: 3–13.

Rietman L M, Shamoun S F, van der Kamp B J, 2005. Assessment of *Neonectria neomacrospora* (anamorph *Cylindrocarpon cylindroides*) as an inundative biocontrol agent against hemlock dwarf mistletoe [J]. Canadian Journal of Plant Pathology, 27: 603–609.

Robinson D C E, Geils B W, 2002. A spatial statistical model for the spread and intensification of dwarf mistletoe within and between stands [R]. USDA Forest Service Proceedings RMRS–P–25, 178–185.

Robinson D C E, Geils B W, 2006. Modelling dwarf mistletoe at three scales: life history, ballistics and contagion [J]. Ecological Modelling, 199: 23–38.

Robinson M J, 1997. Nitrogen limitation of spinach plants causes a simultaneous rise in foliar levels of orthophosphate, sucrose, and starch [J]. International Journal of Biological Sciences, 158: 432–441.

Romina V R, Daniel L N, 2008. The first mistletoes: Origins of aerial parasitism in

Santalales [J], Molecular Phylogenetics and Evolution, 47: 523–537.

Rosati A, Esparza G, Dejong T M, et al., 1999. Influence of canopy light environment and nitrogen availability on leaf photosynthetic characteristics and photosynthetic nitrogen-use efficiency of field-grown nectarine trees [J]. Tree Physiology, 19: 173–180.

Roth L F, 1971. Dwarf Mistletoe Damage to Small Ponderosa Pines [J]. Forest Science, 17 (3): 373–380.

Sala A, Carey E V, Callaway R M, 2001. Dwarf mistletoe affects whole-tree water relations of douglas fir and western larch primarily through changes in leaf to sapwood ratios [J]. Oecologia, 126: 42–52.

Sadik A, Rey L, Renaudin S, 1986. Le systeme endophytique d'*Arceuthobium oxycedri*[J]. Canadian Journal of Botany, 64: 1104–1111.

Scharpf R F, Parmeter J R Jr, 1982. Population dynamics of dwarf mistletoe on young true firs in the Central Sierra Nevada, California [R]. US Department of Agriculture, Forest Service. Pacific Southwest Forest and Range Experiment Station.

Scharpf R F, Parmeter J R, 1967. The biology and pathology of dwarf mistletoe, *Arceuthobium campylopodum* f.*abietinum*, parasitizing true firs (*Abies* sp.) in California [R]. US Department of Agriculture, Forest Service.

Scharpf R F, 1962. Growth rate of the endophytic system of the dwarf mistletoe on digger pine [R]. Research note. US Department of Agriculture, Forest Service, Pacific Southwest Forest and Range Experiment Station.

Scharpf R F, 1971. Summation of tests for chemical control of dwarf mistletoe [C]. In Proceedings 19th annual western international forest disease work conference, 80–83.

Scharpf R F, 1970. Seed viability, germination and radicle growth of dwarf mistletoe in California [R]. US Department of Agriculture, Forest Service, Pacific Southwest Forest and Range Experiment Station.

Schluter D, Howard D J, Berlocher S H, 1998. Endless forms: species and speciation [M]. New York: Oxford University Press.

Schulze E D, Lange O L, Ziegler H, et al., 1991. Carbon and nitrogen isotope ratios of mistletoes growing on nitrogen and non-nitrogen-fixing hosts and on CAM plants in the Namib desert confirm partial heterotrophy [J]. Oecologia, 88: 457–462.

Schulze E D, Turner N C, Glatzel G, 1984. Carbon, water and nutrient relations of mistletoes and their hosts: a hypothesis [J]. Plant Cell and Environment, 7 (5): 293–299.

Severson K E, 1986. Spring and early summer habitats and food of male blue grouse in Arizona [J]. Journal of the Arizona-Nevada Academy of Science, 21: 13–18.

Shamoun S F, Ramsfield T D, van der Kamp B J, 2003. Biological control approach for management of dwarf mistletoe [J]. New Zealand Journal of Forestry Science, 33: 373–384.

Shamoun S F, 1998. Development of biological control strategy for management of dwarf mistletoes [C]. In Proceedings 45th western international forest disease work conference, 36–42.

Shaw C G III, Loopstra E M, 1991. Development of dwarf mistletoe infections on inoculated western hemlock trees in southeast Alaska [J]. Northwest Science, 65: 48–52.

Shaw D C, Weiss S B, 2000. Canopy light and the distribution of hemlock dwarf mistletoe (*Arceuthobium tsugense* [Rosendahl] G.N. Jones subsp. *tsugense*) aerial shoots in an old growth Douglas-fir/western hemlock forest [J]. Northwest Science, 74: 306–315.

Shea K R, 1957. Extent of the endophytic system of dwarf mistletoe on *Pinus ponderosa* [J]. Phytopathology, 47: 534.

Smith R B, 1971. Development of dwarf mistletoe (*Arceuthobium*) infections on western hemlock, shore pine, and western larch [J]. Canadian Journal of Forest Research, 1: 35–42.

Smith R B, 1973. Factors affecting dispersal of dwarf mistletoe seeds from an overstory western hemlock tree [J]. Northwest Science, 47: 9–19.

Smith R B, 1985. Hemlock dwarf mistletoe biology and spread [R]. BC: British Columbia Ministry of Forests.

Snyder M A, Fineschi B, Linhart Y B, et al., 1996. Multivariate discrimination of host use by dwarf mistletoe *Arceuthobium vaginatum* subsp. *cryptopodum*: inter-and intraspecific comparisons[J]. Journal of Chemical Ecology, 22 (2): 295–305.

Sproule A, 1996. Impact of dwarf mistletoe on some aspects of the reproductive biology of jack pine [J]. Forestry Chronicle, 72 (3): 303–306.

Srivastava L M, Esau K, 1961. Relation of dwarf mistletoe (*Arceuthobium*) to the xylem tissues of conifers [J]. American Journal of Botany, 48: 159–215.

Stanton S, Honnay O, Jacquemyn H, et al., 2009. A comparison of the population genetic structure of parasitic *Viscum album*, from two landscapes differing in degree of fragmentation [J]. Plant Systematics and Evolution, 281 (1–4): 161–169.

Strand M A, Roth L F, 1976. Simulation model for spread and intensification of western dwarf mistletoe in thinned stands of ponderosa pine saplings [J]. Phytopathology, 66: 888–895.

Tardif J, Bergeron Y, 1997. Comparative dendroclimatological analysis of two black ash and two white cedar populations from contrasting sites in the lake Duparquet region, northwestern Quebec [J]. Canadian Journal of Forest Research, 27 (1): 108–116.

Templeton A R, Routman E, Phillips C A, 1995. Separating population structure from population history: a cladistic analysis of the geographical distribution of mitochondrial DNA haplotypes in the tiger salamander, Ambystoma tigrinum [J]. Genetics, 140 (2): 767–782.

Templeton A R, 1981. Mechanisms of Speciation-A Population Genetic Approach [J]. Annual Review of Ecology and Systematics, 12 (12): 23–48.

Thoday D, Johnson E T, 1930. On *Arceuthobium pusillum* Peck. I. The endophytic system [J]. Annals of Botany, 44: 393–413.

Thoday D, 1951. The haustorial system of *Viscum album* [J]. Journal of Experimental Botany, 2: 1–19.

Tibayrenc M, Ayala F J, 1991. Towards a population genetics of microorganisms: The clonal theory of parasitic protozoa [J]. Parasitol Today, 7 (9): 228–232.

Tinnin R O, Hawksworth F G, Knutson D M, 1982. Witches' broom formation in conifers infected by *Arceuthobium* spp.: an example of parasitic impact upon community dynamics [J]. American Midland Naturalist, 107 (2): 351–359.

Tinnin R O, Parks C G, Knutson D M, 1999. Effects of Douglas-fir dwarf mistletoe on trees in thinned stands in the Pacific Northwest [J]. Forest Science, 45 (3): 359–365.

Tzedakis P C, Lawson I T, Frogley M R, et al., 2002. Buffered tree population changes in a quaternary refugium: Evolutionary implications [J]. Science, 297 (5589): 2044–2047.

Vasek F C, 1966. The distribution and taxonomy of three western junipers[J]. Brittonia, 18: 350–372.

Vega C D, Berjano R, Arista M, et al., 2008. Genetic races associated with the genera and sections of host species in the holoparasitic plant *Cytinus* (Cytinaceae) in the Western Mediterranean basin [J]. New Phytologist, 178 (4): 875–887.

Via S, Bouck A C, Skillman S, 2000. Reproductive isolation between divergent races of pea aphids on two hosts. II. Selection against migrants and hybrids in the parental environments [J]. Evolution, 54 (5): 1626–1637.

Von Bieberstein F A M, 1808. Flora Taurica-Caucasica exhibens stirpes phaenogamas, in Chersoneso Taurica et regionibus Caucasicis sponte crescents[M]. Charkouiae, Typis Academicis: 654.

Wang T, Yu D, Li J F, et al., 2003. Advances in research on the relationship between climatic change and tree-ring width [J]. Acta phytoecologica Sinica, 27 (1): 23–33.

Wang Y L, Xiong D G, Jiang N, et al., 2016a. High-resolution transcript profiling reveals shoot abscission process of spruce dwarf mistletoe *Arceuthobium sichuanense* in response to ethephon [J]. Scientific Reports, 6 (1): 38889.

Wang Y L, Li X W, Zhou W F, et al., 2016b. De novo assembly and transcriptome characterization of spruce dwarf mistletoe *Arceuthobium sichuanense* uncovers gene expression profiling associated with plant development [J]. Bmc Genomics, 17 (1): 771.

Wanner J L, 1986. Effects of infection by dwarf mistletoe (*Arceuthobium americanum*) on the population dynamics of lodgepole pine (*Pinus contorta*) [D]. Portland, OR: Portland State University.

Wanner J, Tinnin R O, 1986. Respiration in lodgepole pine parasitized by American dwarf mistletoe [J]. Canadian Journal of Forest Research, 16: 1375–1378.

Watson D M, 2009. Parasitic plants as facilitators: more Dryad than Dracula？ [J]. Journal of Ecology, 97: 151–115.

Weir J R, 1918. Experimental investigations on the genus *Razoumojskya* [J]. Botanical Gazette, 56: 1–31.

Weir J R, 1914. The polyembryony of *Razoumofskya* species [J]. Phytopathology, 4: 385–386.

Whitehead D R, 1969. Wind pollination in the angiosperms: evolutionary and environmental considerations [J]. Evolution, 23: 28–35.

Wicker E F, Shaw C G, 1968. Fungal parasites of dwarf mistletoe [J]. Mycologia, 60: 372–383.

Wicker E F, 1967. Appraisal of biological control of *Arceuthobium campylopodum* f. *campylopodum* by *Colletotrichum gloeosporioides* [J]. Plant Disease Reporter, 51: 311–313.

Wiens D, Barlow B A, 1971. The cytogeography and relationships of the Viscaceous and Eremolepidaceous Mistletoes [J]. Taxon, 20: 313–332.

Wiens D, DeDecker M, 1972. Rare natural hybridization in *Phoradendron* (Viscaceae) [J]. Madroño, 21: 395–402.

Wiens D, 1962. Seasonal isolations in Phoradendron[J]. American Journal of Botany, 49 (6): 680.

Wiens D, 1964. Chromosome numbers in North American Loranthaceae (*Arceuthobium, Phoradendron, Psittacanthus, Struthanthus*) [J]. American Journal of Botany, 51: 1–6.

Wiens D, 1968. Chromosomal and flowering characteristics in dwarf mistletoes (*Arceuthoubium*) [J]. American Journal of Botany, 55: 325–334.

Williams W T, Fortier F, Osborn J, 1972. Distribution of three species of dwarf mistletoe on their principal pine hosts in the Colorado Front Range [J]. Plant Disease Reporter, 46: 223–226.

Wilson C A, Calvin C L, 1996. Anatomy of the dwarf mistletoe shoot system. In Hawksworth F G, Wiens D. Dwarf Mistletoes: Biology, Pathology and Systematics[M]. Agricultual Handbook 709, Washington DC: USDA Forest Service: 95–111.

Wilson J L, Tkacz B M, 1992. Pinyon ips outbreak in pinyon juniper woodlands in northern Arizona: a case study [R]. US Department of Agriculture, Forest Service,

Rocky Mountain Forest and Range Experiment Station, 187–190.

Wimmer R, Grabner M, 1997. Effects of climate on vertical resin duct density and radial growth of Norway spruce (*Picea abies* (L.) Karst.) [J]. Trees: Stucture and Function, 11 (5): 271–276.

Wolfe K H, Morden C W, Ems S C, et al., 1992. Rapid evolution of the plastid translational apparatus in a nonphotosynthetic plant-loss or accelerated sequence evolution of transfer-RNA and ribosomal-protein genes [J]. Journal of Molecular Evolution, 35 (4): 304–317.

Wood C, 1986. Distribution maps of common tree diseases in British Columbia [R]. British Columbia: Canadian Forestry Service, Pacific Forestry Centre.

Wright I J, Reich P B, Westoby M, et al., 2004. The worldwide leaf economics spectrum [J]. Nature, 428: 821–827.

Wright I J, Westoby M, Reich P B, 2002a. Convergence towards higher leaf mass per area in dry and nutrient-poor habitats has different consequences for leaf life span [J]. Journal of Ecology, 90: 534–543.

Wright I J, Westoby M, 2002b. Leaves at low versus high rainfall: coordination of structure, lifespan and physiology [J]. New Phytologist, 155: 403–416.

Wu Z Y, 2003. Flora of China [M]. Beijing, China: Science Press, 5: 240–245.

Xia B, Tian C M, Luo Y Q, et al., 2012. The effects of *Arceuthobium sichuanense* infection on needles and current-year shoots of mature and young Qinghai spruce (*Picea crassifolia*) trees [J]. Forest Pathology, 42 (4): 330–337.

Zou J B, Peng X L, Li L, et al., 2012. Molecular phylogeography and evolutionary history of *Picea likiangensis* in the Qinghai-Tibetan Plateau inferred from mitochondrial and chloroplast DNA sequence variation [J]. Journal of Systematics and Evolution, 50 (4): 341–350.

Zuber D, Widmer A, 2000. Genetic evidence for host specificity in the hemi-parasitic *Viscum album* L. (Viscaceae) [J]. Molecular Ecology, 1069–1073.

Zuber D, Widmer A, 2009. Phylogeography and host race differentiation in the European mistletoe (*Viscum album* L.) [J]. Molecular Ecology, 18: 1946–1962.

附录 1

油杉寄生属（*Arceuthobium*）分种检索表

新大陆油杉寄生属分种检索表

1. 分布在墨西哥、中美洲或海地岛
  2. 海地岛或洪都拉斯
    3. 海地岛；寄主为 *Pinus occidentalis* ·············· *A. bicarinatum*
    3. 洪都拉斯；寄主为 *Pinus oocarpa* ·············· *A. hondurense*
  2. 墨西哥、危地马拉或伯利兹
    4. 寄主为冷杉属 *Abies* 或黄杉属 *Pseudotsuga*
      5. 芽 1~3cm；寄主为黄杉属 *Pseudotsuga* ·············· *A. douglasii*
      5. 芽高于 5cm；寄主为冷杉属 *Abies*
        6. 芽矮于 10cm；分枝不轮生；芽绿色；分布于奇瓦瓦州 ··············
        ··· *A. abietinum*
        6. 芽高 10~20cm；一些分枝轮生；芽黄色；分布于中墨西哥··············
        ··· *A. abietis-religiosae*
    4. 寄主为松属 *Pinus*
      7. 下加利福尼亚半岛
        8. 芽橄榄绿色；直径 1~2mm；寄主为果松（pinyon pines）··············
        ··· *A. divaricatum*
        8. 芽黄色；直径 2~4mm；寄主为 *Pinus jeffreyi* 或 *Pinus coulteri*··············
        ··· *A. campylopodum*

7. 墨西哥大陆或中美洲
    9. 寄主为单维管束松亚属 *Pinus* subgenus *Strobus*
      10. 寄主为果松（pinyons）·· *A. pendens*
      10. 寄主为白松或者软木松（white or soft pines）
        11. 芽绿紫色到紫色；寄主为 *Pinus ayacahuite* var. *ayacahuite*；
            分布在危地马拉或南墨西哥 ··························· *A. guatemalense*
        11. 芽黄色或灰色；寄主为 *Pinus strobiformis* 或 *P. ayacahuite*
            var. *brachyptera*；分布在北墨西哥
          12. 芽黄色且通常矮于 4cm；分布在科阿韦拉北部·············
               ··· *A. apachecum*
          12. 芽灰色且通常高于 6cm；分布在奇瓦瓦州、杜兰戈或
             新莱昂 ··· *A. blumeri*
    9. 寄主为双维管束松亚属 *Pinus* subgenus *Pinus*（yellow pines）
      13. 芽深色；通常有些暗黑色，暗红色（或干燥时暗褐色）
        14. 雌雄同株（几乎没有两性异形）；果实不覆白霜
          15. 芽通常高于 10cm，基部直径大于 1cm；果实长
             4~5mm，无光泽 ·············*A. vaginatum* subsp. *vaginatum*
          15. 芽通常矮于 10cm，基部直径小于 1cm；果实大约 3mm
             长，有光泽 ··· *A. rubrum*
        14. 雌雄异株（两性异形）；果实覆明显白霜 ··········· *A. nigrum*
      13. 芽黄色，棕色，灰色或红色
        16. 雄花轮生；刺状每年落叶；成熟果实长度大于 10mm·········
            ·· *A. verticilliflorum*
        16. 雄花不轮生；刺状每年落叶；成熟果实小于 6mm 长
          17. 分布在北墨西哥
            18. 雌雄异株（两性异形）
              19. 雄株基本不分枝，雌株密集分枝；果实不覆白
                霜 ··· *A. strictum*
              19. 雄株有开放分枝，雌株密集分枝；果实覆明显
                白霜 ··· *A. gillii*
            18. 雌雄同株（几乎没有两性异形）
              20. 芽黄色或棕黄色

     21. 芽亮黄色；球状丛生；通常高于 10cm ········

        ············*A. globosum* subsp. *globosum*

     21. 芽黄色或棕色；不球状丛生；通常矮于

       10cm ······················*A. yecorense*

    20. 芽有些暗橙色

     22. 芽暗橙色；通常高于 20cm；成熟果实长

       7mm；分布于杜兰戈或其以南区域 ··········

        ······················*A. durangense*

     22. 芽橙黄色；通常矮于 20cm；成熟果实长

       5mm；分布于奇瓦瓦、索诺拉或科瓦伊拉

       ···············*A. vaginatum* subsp. *cryptopodum*

   17. 分布在南墨西哥（恰帕斯和瓦哈卡）或中美洲

    23. 芽淡红色；分布在瓦哈卡 ··············*A. oaxacanum*

    23. 芽深黄绿色或橙色；分布于瓦哈卡、恰帕斯、危地

    马拉或伯利兹

     24. 芽黄色；基部直径通常大于 2cm；分布于海拔

      2700m 以上 ··········*A. globosum* subsp. *grandicaule*

     24. 芽深色；暗黄绿色或橙黄色；基部直径通常小

      于 2cm；分布于海拔 2400m 以下

      25. 芽黄绿色；寄主为 *Pinus caribaea* 或 *P. oocarpa*；

       分布于伯利兹海拔 500m 以上 ···············

        ···················*A. hawksworthii*

      25. 芽橙黄色；寄主为除 *P. carbaea* 外的松树（偶

       见于 *P. oocarpa*）；分布于恰帕斯、瓦哈卡

       或危地马拉海拔 900~2400m 范围 ·············

        ·····················*A. aureum*

1. 分布在美国或加拿大

  26. 寄主主要为松属

   27. 寄主为单维管束松亚属 *Pinus* subgenus *Strobus*

    28. 寄主为果松（pinyons）·····················*A. divaricatum*

    28. 寄主为白松（white pines）

     29. 寄主为 *Pinus strobiformis*

  30. 芽通常矮于 4cm，黄色；分布于亚利桑那州南部或新墨西哥州南部 ···················· *A. apachecum*

  30. 芽通常高于 6cm，灰色；分布于亚利桑那州的华楚卡山脉 ········ ···················· *A. blumeri*

 29. 寄主为非 *Pinus strobiformis* 的白松（white pines）

  31. 寄主为 *Pinus aristata*；分布于亚利桑那州 ···················· ···················· *A. microcarpum*

  31. 寄主为非 *Pinus aristata* 的松树，或寄主为 *Pinus aristata* 但分布于亚利桑那州以外

   32. 芽通常矮于 6cm；在寄主枝干上密集丛生；寄主为 *Pinus flexilis*，*P. albicaulis*，*P. aristata* 或 *P. longaeva* ····· ···················· *A. cyanocarpum*

   32. 芽通常高于 6cm；在寄主枝干周围不密集丛生；寄主为 *Pinus monticola* 或 *P. lambertiana*

    33. 芽深棕色；寄主为 *Pinus monticola*；分布于俄勒冈州西南部或加利福尼亚西北部 ·············· *A. monticola*

    33. 芽黄至绿色；寄主为 *P. lambertiana*；分布于加利福尼亚 ···················· *A. californicum*

27. 寄主为双维管束松亚属 *Pinus* subgenus *Pinus*（yellow pines）

 34. 芽轮状分枝；寄主主要为 *Pinus contorta* 或 *P. banksiana*·················· ···················· *A. americanum*

 34. 芽（至少一部分）扇形分枝；寄主主要为非 *Pinus contorta* 和 *P. banksiana* 的松树

 35. 亚利桑那州、犹他州或其以东区域

  36. 果实覆有白霜；雄株比雌株更开放分枝；寄主为 *Pinus leiophylla* var. *chihuahuana*················ *A. gillii*

  36. 果实无毛；雄株和雌株分枝方式相似；寄主为 *Pinus ponderosa* var. *scopulorum*，*P. arizonica* 和 *P. engelmannii* ····· ···················· *A. vaginatum* subsp. *cryptopodum*

 35. 太平洋沿岸各州；内华达州、爱达荷州或不列颠哥伦比亚

  37. 沿海地区（距太平洋约 10km 范围内）

38. 芽通常矮于 10cm；雄花通常 3 瓣；寄主为 *Pinus contorta* var. *contorta*；分布于奥卡斯岛、华盛顿或不列颠哥伦比亚 ·· *A. tsugense* subsp. *tsugense*

38. 芽通常高于 10cm；雄花多为 4 瓣；寄主为 *Pinus radiata* 或 *P. muricata*；分布于加利福尼亚 ·············· *A. littorum*

37. 内陆地区

 39. 寄生物总形成扫帚丛枝；成熟果实约 6mm 长；芽基部直径大于 3mm；主要寄主为 *Pinus ponderosa* var. *ponderosa*，*P. jeffreyi* 或 *P. coulteri*；分布于加利福尼亚、俄勒冈、华盛顿、爱达荷州或内华达州 ·· ·· *A. campylopodum*

 39. 寄生物不形成扫帚丛枝；成熟果实约 4mm 长；芽基部直径小于 3mm；主要寄主为 *Pinus sabiniana* 或 *P. attenuata*；分布于加利福尼亚州或俄勒冈州西南部

  40. 花期从 9 月下旬至 11 月；主要寄主为 *Pinus sabiniana*；分布于加利福尼亚中央山谷周围的丘陵地带 ··················· *A. occidentale*

  40. 花期 8 月；主要寄主为 *Pinus attenuata*；分布于俄勒冈西南部或加利福尼亚西北部······ *A. siskiyouense*

26. 主要寄主为铁杉属 *Tsuga*，落叶松属 *Larix*，黄杉属 *Pseudotsuga*，冷杉属 *Abies* 或云杉属 *Picea*

 41. 寄主为铁杉属 *Tsuga*，落叶松属 *Larix* 或黄杉属 *Pseudotsuga*

  42. 芽通常矮于 4cm；寄主为黄杉属 *Pseudotsuga*·············· *A. douglasii*

  42. 芽通常高于 5cm；寄主为落叶松属 *Larix* 或铁杉属 *Tsuga*

   43. 主要寄主为落叶松属 *Larix* ····························· *A. laricis*

   43. 主要寄主为铁杉属 *Tsuga*

    44. 寄主为 *Tsuga heterophylla*；分布于加利福尼亚至阿拉斯加 ·· *A. tsugense* subsp. *tsugense*

    44. 寄主为 *Tsuga mertensiana*；分布于加利福尼亚至爱达荷州和不列颠哥伦比亚

     45. 寄主与受侵染的 *Larix occidentalis* 相关；分布于爱达荷州·· *A. laricis*

45. 寄主与受侵染的 *Larix occidentalis* 无关；分布于加利福尼亚州内华达山脉中部至不列颠哥伦比亚省南部 ……………………………………………………………*A. tsugense* subsp. *mertensianae*

41. 寄主为冷杉属 *Abies* 或云杉属 *Picea*

  46. 寄主为冷杉属 *Abies*

    47. 芽通常高于 10cm，淡黄色；雄花和对生苞片颜色相同；寄主与受侵染的铁杉属寄主无关；分布于亚利桑那州、犹他州南部、内华达州、加利福尼亚州、俄勒冈州或华盛顿州喀斯喀斯特峰以东……………………………………*A. abietinum*

    47. 芽通常矮于 6cm，绿至紫色；雄花颜色明显淡于紫色的对生苞片；寄主与受侵染的铁杉属寄主有关；分布于俄勒冈州喀斯喀特山以西至阿拉斯加太平洋沿海

      48. 寄主与受侵染的 *Tsuga heterophylla* 相关…………………………………………………………… *A. tsugense* subsp. *tsugense*

      48. 寄主与受侵染的 *Tsuga mertensiana* 相关…………………………………………………………*A. tsugense* subsp. *mertensianae*

  46. 寄主为云杉属 *Picea*

    49. 芽矮于 2cm；寄主为 *Picea mariana*，*P. glauca* 或 *P. rubens*；分布于萨斯喀彻温省和大湖区向东至新泽西和纽芬兰……………………………………………………………… *A. pusillum*

    49. 芽通常高于 5cm；寄主为 *Picea engelmannii* 或 *P. pungens*；分布于亚利桑那州或新墨西哥州南部……………*A. microcarpum*

旧大陆油杉寄生属分种检索表

1. 寄主为刺柏属 *Juniperus*

  2. 芽基部直径 5~9mm；雄花大多 4 瓣；寄主为 *Juniperus brevifolia*；分布于亚述尔群岛 ……………………………………………*A. azoricum*

  2. 芽基部直径 1~3mm；雄花大多 3 瓣；寄主为除 *J. brevifolia* 外的刺柏；分布于非洲、南欧或亚洲

    3. 分枝很少轮生（少于 5%）；开花和种子弹射时间为 3~10 月（一年可能有几个禅果季）；芽黄至绿色；寄主为 *Juniperus procera*；分布于埃塞俄比亚或肯尼亚……………………………………… *A. juniperi-procerae*

3. 分枝常见轮生（最少 30%）；开花和种子弹射时间为 9~11 月（每年产果 1 季）；芽 5~16cm 高，绿色；寄主为除 *J. procera* 外的刺柏；分布于西班牙和摩洛哥向东至中国西南部的喜马拉雅山脉 ················ *A. oxycedri*

1. 寄主为冷杉属 *Abies*，油杉属 *Keteleeria*，云杉属 *Picea* 或松属 *Pinus*

  4. 寄主为松属 *Pinus*

    5. 芽 0.5~1.0cm 高；寄主为 *Pinus wallichiana*；分布于从巴基斯坦到不丹的喜马拉雅山脉 ······························ *A. minutissimum*

    5. 芽 5~20cm 高；寄主为 *Pinus densata*，*P. yunnanensis* 或 *P. griffithii*；分布于我国西藏、云南或四川 ·························· *A. pini*

  4. 寄主为冷杉属 *Abies*，油杉属 *Keteleeria* 或云杉属 *Picea*

    6. 雄花大多 4 瓣；寄主为油杉属；分布于我国青海、云南或四川 ··· *A. chinense*

    6. 雄花大多 3 瓣；寄主为冷杉属或云杉属

      7. 芽 1~2cm 高；寄主为冷杉属；分布于西藏 ············· *A. tibetense*

      7. 芽 2~6cm 高；寄主为云杉属；分布于我国青海、甘肃、西藏、四川，不丹

      ·· *A. sichuanense*

附录 2

油杉寄生属种类表

序号	拉丁学名	英文俗名	中文名	分布	寄主
1	*A. abietinum*	Fir Dwarf Mistletoe	冷杉矮槲寄生	美国、墨西哥	冷杉属*Abies* spp.
1a	*A. abietinum* f. sp. *concoloris*	White Fir Dwarf Mistletoe	白冷杉矮槲寄生	美国、墨西哥	冷杉属*Abies* spp. *A. concolor*，*A. grandis*，*A. durangensis*（最常见）
1b	*A. abietinum* f. sp. *magnificae*	Red Fir Dwarf Mistletoe	红冷杉矮槲寄生	美国（俄勒冈州、加利福尼亚州）	*Abies magnifica*
2	*A. abietis-religiosae*	Mexican Fir Dwarf Mistletoe	神圣冷杉矮槲寄生	墨西哥	冷杉属*Abies* spp. 圣神冷杉*A. religiosa*（最常见）
3	*A. americanum*	Lodgepole Pine Dwarf Mistletoe	美国黑松矮槲寄生	加拿大、美国	松属*Pinus* spp.和云杉属*Picea* spp. *Pinus contorta*，*P. banksiana*（最常见）
4	*A. apachecum*	Apache Dwarf Mistletoe	阿帕奇矮槲寄生	美国、墨西哥	*Pinus strobiformis*
5	*A. aureum*	—	—	—	—
5a	*A. aureum* subsp. *aureum*	Golden Dwarf Mistletoe	黄金矮槲寄生	危地马拉	*Pinus montezumae*，*P. oaxacana*，*P. pseudostrobus*
5b	*A. aureum* subsp. *petersonii*	Peterson's Dwarf Mistletoe	彼得森矮槲寄生	墨西哥（恰帕斯和瓦哈卡）	松属*Pinus* spp.
6	*A. azoricum*	Azores Dwarf Mistletoe	亚述尔群岛矮槲寄生	亚述尔群岛	*Juniperus brevifolia*

（续表）

序号	拉丁学名	英文俗名	中文名	分布	寄主
7	*A. bicarinatum*	Hispaniolan Dwarf Mistletoe	海地岛矮槲寄生	多米尼加共和国、海地	*Pinus occidentalis*
8	*A. blumeri*	Blumer's Dwarf Mistieroe	布鲁默矮槲寄生	美国、墨西哥	*Pinus strobiformis*，*P. ayacahuite* var. *brachyptera*
9	*A. californicum*	Sugar Pine Dwarf Mistletoe	糖松矮槲寄生	美国（加利福尼亚州）	糖松*Pinus lambertiana*（最常见）
10	*A. campylopodum*	Western Dwarf Mistletoe	西部矮槲寄生	美国、墨西哥	*Pinus ponderosa* var. *ponderosa*，*P. jeffreyi*（最常见）
11	*A. chinense*	Keteleeria Dwarf Mistletoe	油杉矮槲寄生	中国（云南和四川）	云南油杉*Keteleeria evelyniana* 丽江云杉*Picea likiangensis*
12	*A. cyanocarpum*	Limber Pine Dwarf Mistletoe	软叶松矮槲寄生	美国	*Pinus flexilis*（最常见），*P. aristata*，*P. longaeva*，*P. albicaulis*
13	*A. divaricatum*	Pinyon Dwarf Mistletoe	果松矮槲寄生	美国、墨西哥	松属*Pinus* spp.（仅限于果松 pinyon pines） *P. edulis*，*P. monophylla*（最常见）
14	*A. douglasii*	Douglas-fir Dwarf Mistletoe	花旗松矮槲寄生	加拿大、美国和墨西哥	花旗松*Pseudotsuga menziesii*（最常见）
15	*A. durangense*	Durangan Dwarf Mistletoe	杜兰戈矮槲寄生	墨西哥	松属*Pinus* spp.
16	*A. gillii*	Chihuahua Pine Dwarf Misdetoe	奇瓦瓦松矮槲寄生	美国、墨西哥	松属*Pinus* spp. *Pinus leiophylla* var. *chihuahuana*（最常见）
17	*A. globosum*	—	—	—	—
17a	*A. globosum* subsp. *globosum*	Rounded Dwarf Mistletoe	球形矮槲寄生	墨西哥	松属*Pinus* spp.
17b	*A. globosum* subsp. *grandicaule*	Large-Stemmed Dwarf Mistletoe	大芽矮槲寄生	墨西哥、危地马拉	松属*Pinus* spp.
18	*A. guatemalense*	Guatemalan Dwarf Mistletoe	危地马拉矮槲寄生	墨西哥、危地马拉	*Pinus ayacahuite* var. *ayacahuite*
19	*A. hawksworthii*	Hawksworth's Dwarf Mistletoe	霍克斯沃斯矮槲寄生	伯利兹	*Pinus caribaea* var. *hondurensis* *P. oocarpa*（高海拔）
20	*A. hondurense*	Honduran Dwarf Mistletoe	洪都拉斯矮槲寄生	洪都拉斯、萨尔瓦多（可能）	*Pinus oocarpa*，*P. maximinoi*

（续表）

序号	拉丁学名	英文俗名	中文名	分布	寄主
21	*A. Juniperi-procerae*	East African Dwarf Mistletoe	东非矮槲寄生	东非（肯尼亚、厄立特里亚、埃塞俄比亚）	*Juniperus procera*
22	*A. laricis*	Larch Dwarf Mistletoe	落叶松矮槲寄生	加拿大、美国	*Larix occidentalis*（最常见）*Tsuga mertensiana*（常见）
23	*A. littorum*	Coastal Dwarf Mistletoe	海岸矮槲寄生	美国	*Pinus radiata*，*P. muricata*（最常见）
24	*A. microcarpum*	Western Spruce Dwarf Mistletoe	西部云杉矮槲寄生	美国（亚利桑那和新墨西哥）	*Picea engelmannii*，*Picea pungens*（最常见）
25	*A. minutissimum*	Himalayan Dwarf Misdetoe	喜马拉雅矮槲寄生	喜马拉雅山脉（巴基斯坦、印度、尼泊尔和不丹）	*Pinus wallichiana*（最常见）
26	*A. monticola*	Western White Pine Dwarf Mistletoe	银叶松矮槲寄生	美国（俄勒冈州和加利福尼亚）	*Pinus monticola*（最常见）
27	*A. nigrum*	Black Dwarf Mistletoe	暗黑矮槲寄生	墨西哥、危地马拉西部	松属*Pinus* spp.
28	*A. oaxacanum*	Oaxacan Dwarf Mistletoe	瓦哈卡矮槲寄生	墨西哥（瓦哈卡）	松属*Pinus* spp.
29	*A. occidentale*	Digger Pine Dwarf Mistletoe	掘松矮槲寄生	美国（加利福尼亚州）	*Pinus sabiniana*（最常见）
30	*A. oxycedri*	Juniper Dwarf Mistletoe	圆柏矮槲寄生	西班牙和摩洛哥向东至中国西南部的喜马拉雅山脉	*Juniperus oxycedrus*（最常见）刺柏属*Juniperus* spp.，柏木属*Cupressus* spp.
31	*A. pendens*	Pendent Dwarf Mistletoe	悬垂矮槲寄生	墨西哥（圣路易斯波托西、韦拉克鲁斯、普埃布拉）	*P. discolor*和*P. orizabensis*
32	*A. pini*	Alpine Dwarf Mistletoe	高山松矮槲寄生	中国（西藏、云南和四川）	高山松*Pinus densata*，云南松*P. yunnanensis*
33	*A. pusillum*	Eastern Dwarf Mistletoe	东部矮槲寄生	加拿大、美国	*Picea* spp.
34	*A. rubrum*	Ruby Dwarf Mistletoe	深红矮槲寄生	墨西哥	松属*Pinus* spp. *Pinus teocote*（最常见）

（续表）

序号	拉丁学名	英文俗名	中文名	分布	寄主
35	*A.sichuanense*	Sichuan Dwarf Mistletoe	云杉矮槲寄生	中国（青海、西藏、四川）和不丹	川西云杉*Picea likiangensis var. balfouriana*，青海云杉*Picea crassifolia*（最常见）云杉属*Picea* spp.
36	*A. siskiyouense*	Knobcone Pine Dwarf Mistletoe	锡斯基尤矮槲寄生	美国（俄勒冈州和加利福尼亚州）	*Pinus attenuata*（最常见）
37	*A. strictum*	Unbranched Dwarf Mistletoe	笔直矮槲寄生	墨西哥	*Pinus leiophylla* var. *chihuahuana*（最常见）
38	*A. tibetense*	Tibetan Dwarf Mistletoe	西藏矮槲寄生（建议）冷杉矮槲寄生（原名）	中国（西藏）	川滇冷杉*Abies forrestii*
39	*A. tsugense*	Hemlock Dwarf Mistletoe	铁杉矮槲寄生	—	—
39a	*A. tsugense* subsp. *tsugense*	Western Hemlock Dwarf Mistletoe	西部铁杉矮槲寄生	加拿大、美国	*Tsuga heterophylla*（最常见）
39b	*A. tsugense* subsp. *mertensianae*	Mountain Hemlock Dwarf Mistletoe	山地铁杉矮槲寄生	加拿大西部、美国西部	*Tsuga mertensiana*（最常见）
40	*A. vaginatum*	—	—	—	—
40a	*A. vaginatum* subsp. *vaginatum*	Mexican Dwarf Mistletoe	墨西哥矮槲寄生	墨西哥	松属*Pinus* spp.
40b	*A. vaginatum* subsp. *cryptopodum*	Southwestern Dwarf Mistletoe	西南矮槲寄生	墨西哥、美国	松属*Pinus* spp. *Pinus ponderosa* var. *scopulorum*（最常见）
41	*A. verticilliflorum*	Big-Fruited Dwarf Mistletoe	大果矮槲寄生	墨西哥	松属*Pinus* spp.
42	*A. yecorense*	Yecoran Dwarf Mistletoe	耶科拉矮槲寄生	墨西哥	松属*Pinus* spp. *Pinus leiophylla* var. *chihuahuana*，*P. herrerai*（最常见）

附 图

寄生芽

寄生花

果实

附图 1　云杉矮槲寄生 *Arceuthobium sichuanese*

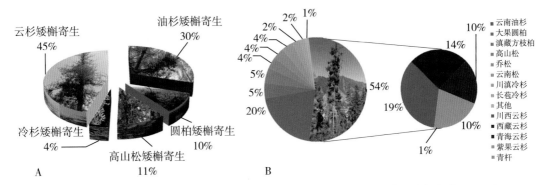

附图2　中国大陆地区矮槲寄生危害程度与寄主受害程度报道案例统计（高发明，2014）

附图3　寄生在油松上的云杉矮槲寄生

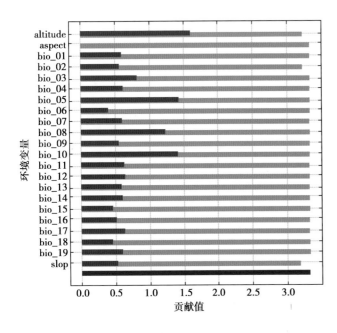

附图4　环境变量对MaxEnt模型的贡献值（张超等，2016）

注：深蓝色表示单一变量，浅蓝色表示除该变量外的其他变量组合，红色表示所有变量。纵坐标环境变量的数据简称同表2-2。

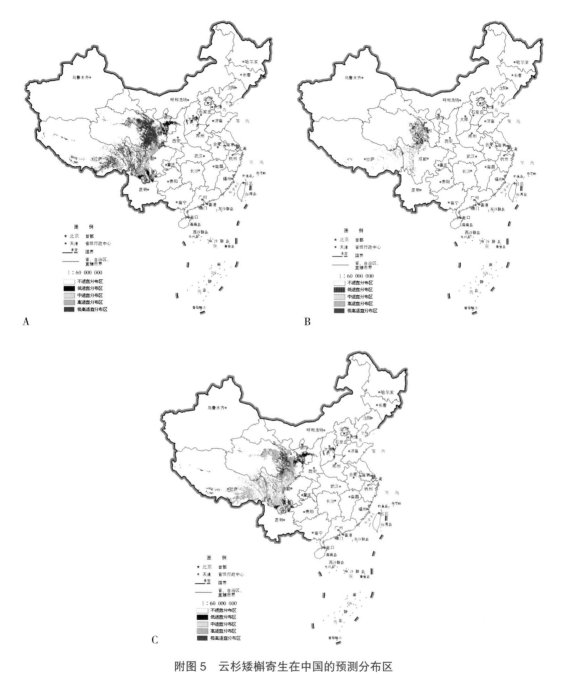

附图 5　云杉矮槲寄生在中国的预测分布区

注：A. GARP 模型预测结果；B. MaxEnt 模型预测结果；C. GARP-MaxEnt 模型预测结果。

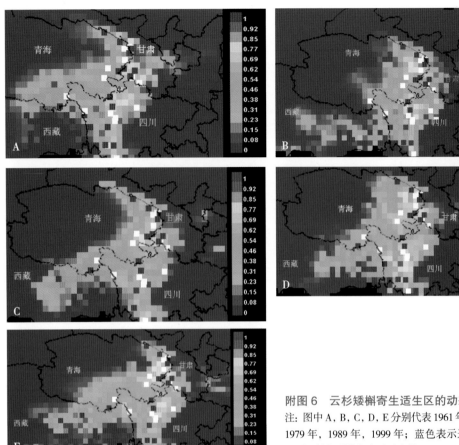

附图6　云杉矮槲寄生适生区的动态变化

注：图中A，B，C，D，E分别代表1961年，1969年，1979年，1989年，1999年；蓝色表示适生性50%以下，绿色到紫色表示适生性50%~100%。

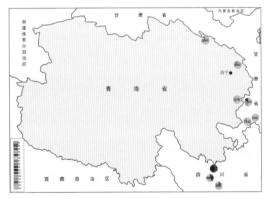

附图8　云杉矮槲寄生 ITS1 序列单倍型的分布

注：饼图代表各单倍型的分布比例，标注框内为 ITS1 各单倍型，群体编号同表 3-2。

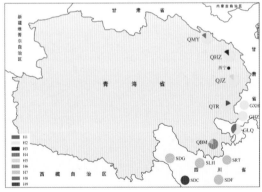

附图 10　云杉矮槲寄生 cpDNA 单倍型的分布

注：饼图代表各单倍型的分布频率，图例为 cpDNA 各单倍型，群体编号同表 3-2。

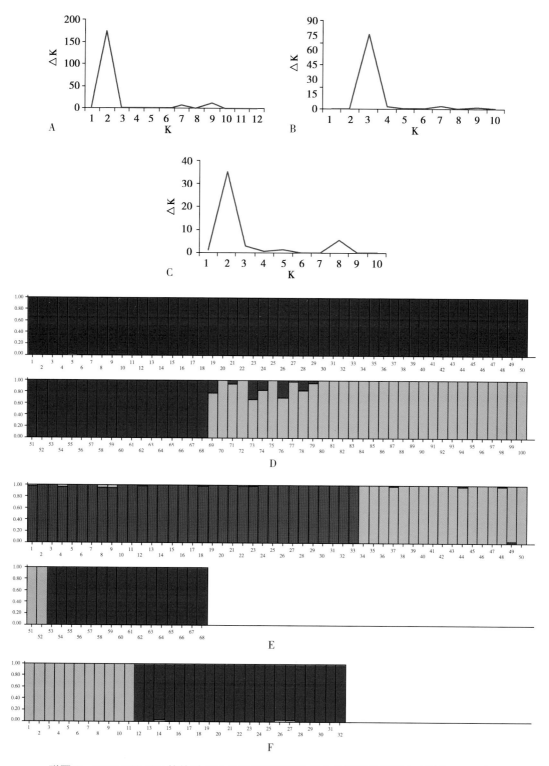

附图 7　STRUCTURE 软件对 100 份云杉矮槲寄生样本的聚类分析图（王野等，2017）

注：A–C，分别代表总样本、第一组、第二组，K 与 △ K 的关系图，及对应样本的模型聚类图；D–F，分别代表总样本、第一组、第二组分别被划分为 2 个、3 个和 2 个群体的聚类结果。

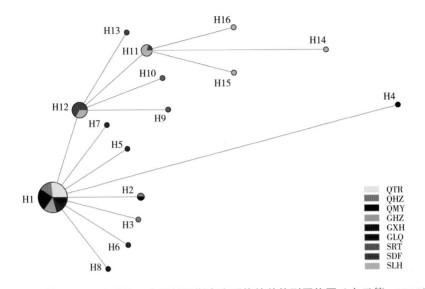

附图9　基于ITS1序列的9个云杉矮槲寄生群体的单倍型网络图（白云等，2016）

注：圆圈的大小代表单倍型的频率，不同的颜色代表不同的群体，群体编号同表3-2。

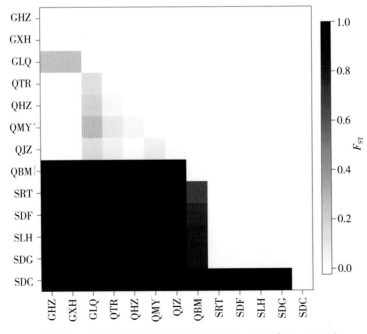

附图11　云杉矮槲寄生两两群体间的 F_{ST} 值（白云，2015）

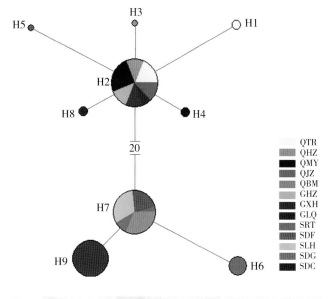

附图 12　云杉矮槲寄生 13 个群体的单倍型网络图（白云，2015）

注：圆圈的大小代表单倍型的频率，图例为 13 个云杉矮槲寄生群体，群体编号同表 3-1。

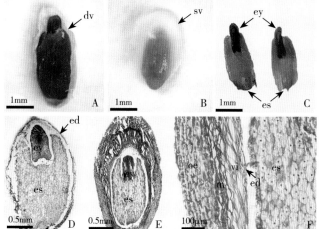

附图 13　云杉矮槲寄生种子结构的形态学（A–C）和解剖学观察（纵切面 D–E）（朱宁波，2016）

注：A. 包裹在干槲寄生素内的成熟种子；B. 遇水膨胀呈半透明胶状物质的槲寄生素；C. 种子含有绿色的胚和胚乳，Dv 成熟种子的解剖学结构和外部包裹的内果皮；E. 成熟果实的解剖学结构；F. 图 E 中果实部分结构的放大图，并能够明显观察到果实的果皮（内果皮、中果皮和外果皮）结构和槲寄生素细胞。dv. 干槲寄生素外衣；ed. 内果皮；es. 胚乳；ey. 胚；m. 中果皮；oe. 外果皮；sv. 膨胀的槲寄生素；vi. 槲寄生素细胞。

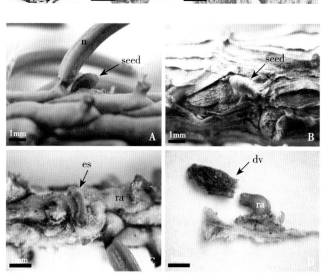

附图 14　云杉矮槲寄生种子萌发和侵入过程中胚乳变化的形态学观察（朱宁波，2016）

注：A. 在针叶基部能够侵染寄主的种子；B. 已经萌发的种子，胚根向寄主枝条生长；C. 逐渐消失的胚乳；D. 胚乳完全的消失。dv. 干的槲寄生素外衣；es. 胚乳；n. 针叶；ra. 胚根。

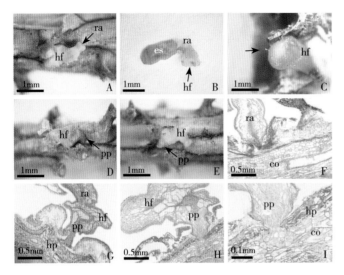

附图 15　云杉矮槲寄生种子在侵入过程中产生结构的形态学（A–E）和解剖学观察（横切片 F–I）（朱宁波，2016）

注：A. 粘附在寄主枝条上类似盘状的固着器，胚乳完全消失；B. 底部向内凹陷呈碗状结构的固着器；C. 固着器底部边缘产生的半透明类似丝状的物质（在箭头处）；D. 在固着器底部边缘产生的侵染钉；E. 在固着器底部中心位置产生的侵染钉；F. 顶端向寄主枝条的表面延伸生长的胚根；G. 胚根接触寄主后其顶端产生的盘状固着器以及固着器底部产生的侵染钉；H. 穿透寄主表皮层侵入到寄主皮层内的侵染钉；I. 高倍镜下观察到的侵入到寄主皮层内的侵染钉细胞。co. 寄主皮层；es. 胚乳；hf. 固着器；hp. 寄主表皮层；pp. 侵染钉；ra. 胚根。

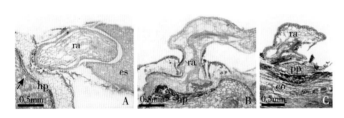

附图 16　寄主在云杉矮槲寄生侵入过程时产生抗性反应的解剖学观察（横切面 A–B，弦切面 C）（朱宁波，2016）

注：A. 胚根接触寄主后寄主表皮层出现加厚现象（未标记箭头）；B. 侵染钉的顶端在最初侵染点不能侵入寄主而被迫转移到其他的侵染点；C. 寄主组织被侵染钉挤压凹陷并破碎。co. 皮层；es. 胚乳；hp. 寄主表皮层；pp. 侵染钉；ra. 胚根。

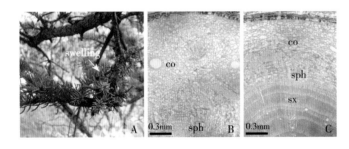

附图 17　云杉矮槲寄生寄主枝条膨大处皮层变化的解剖学观察（横切面 B–C）（朱宁波，2016）

注：A. 在侵染点处膨大的寄主枝条；B. 寄主枝条膨大处的寄主皮层；C. 与寄主膨大枝条同年生枝条非膨大处的寄主皮层。co. 皮层；sph. 次生韧皮部；sx. 次生木质部。

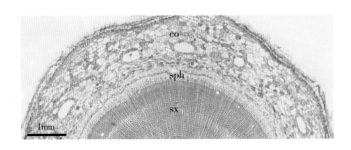

附图 18　健康寄主组织结构的解剖学观察（横切面）（朱宁波，2016）

注：co. 皮层；sph. 次生韧皮部；sx. 次生木质部。

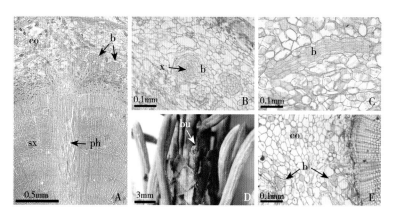

附图19　云杉矮槲寄生皮层根的解剖学观察（横切面 A-B，E；纵切面 C）（朱宁波等，2015）
注：A. 在侵染点处产生的楔形初生吸器以及初生吸器在寄主皮层内产生皮层根；B. 老的皮层根及其内部分化出的木质部细胞；C. 呈并排生长的皮层根细胞；D. 生长在两年生和三年生寄主枝条节间的云杉矮槲寄生寄生芽；E. 在两年生寄主皮层内生长的皮层根。b. 皮层根；bu. 云杉矮槲寄生寄生芽；co. 寄主皮层；ph. 初生吸器；sx. 寄主次生木质部；x. 皮层根木质部。

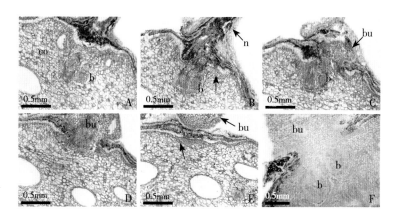

附图20　云杉矮槲寄生寄生芽产生过程的解剖学观察（横切面）（朱宁波等，2015）
注：A. 完全生长在寄主皮层内的皮层根；B. 皮层根顶端细胞向寄主表皮方向生长；C-E. 皮层根穿透寄主表皮并向外生长形成寄生芽，在皮层根延伸的方向寄主皮层内该皮层根完全消失；F. 相邻的两个皮层根在同一位置产生寄生芽并相互重叠生长。B 和 E 未标记的箭头处表示寄主表皮出现加厚的现象。b. 皮层根；bu. 云杉矮槲寄生寄生芽；co. 皮层；n. 针叶。

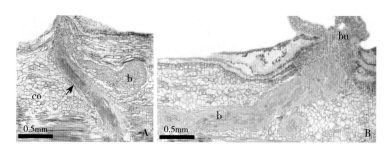

附图21　云杉矮槲寄生寄生芽产生方式的解剖学观察（径切面）（朱宁波，2016）
注：A. 皮层根沿着针叶维管束方向延伸，尚未突破寄主表皮形成寄生芽，箭头表示产生针叶的维管束；B. 皮层根顶端细胞成功的突破寄主表皮形成寄生芽。b. 皮层根；bu. 云杉矮槲寄生寄生芽；co. 皮层。

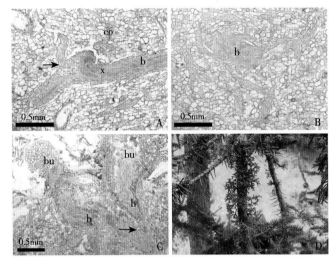

附图 22　云杉矮槲寄生皮层根分裂的解剖学观察（横切面 A-C）（朱宁波，2016）

注：A.皮层根通过其最外层细胞分裂生长形成新的皮层根（未标记箭头处）；B.皮层根通过大量分裂形成网状结构；C.分裂（未标记箭头处）产生的皮层根穿透寄主表皮层形成寄生芽；D.生长在寄主枝条上的大量寄生芽。co.皮层；b.皮层根；bu.云杉矮槲寄生寄生芽；x.皮层根的木质部。

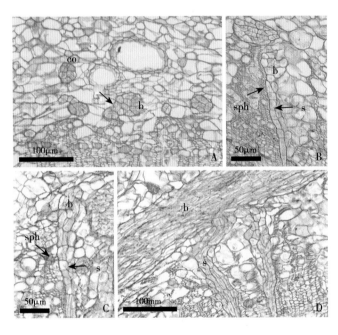

附图 23　云杉矮槲寄生皮层根产生吸根的解剖学观察（横切面 A-D）（朱宁波，2016）

注：A.幼龄皮层根侧面细胞分裂产生吸根（未标记箭头处）；B.皮层根在接触寄主次生韧皮部时产生吸根；C.皮层根在靠近寄主次生韧皮部时产生吸根；D.吸根随着细胞的不断分裂生长呈楔形状。b.皮层根；co.皮层；s.吸根；sph.次生韧皮部。

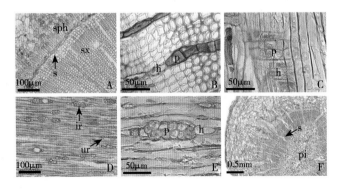

附图 24　云杉矮槲寄生吸根延伸生长的解剖学观察（横切面 A-B，F；径切面 C；弦切面 D-E）（朱宁波等，2015）

注：A.吸根沿着寄主韧皮射线和木射线方向生长；B.吸根顶端为单细胞；C.径向切片中寄主和寄生物细胞；D.生长在寄主木质部内的"侵染射线"和寄主木射线（非侵染射线）的比较；E."侵染射线"内的寄主细胞和吸根细胞；F.吸根的末端侵入到寄主的髓部。h.寄主细胞；ir.侵染射线；p.寄生物细胞；pi.寄主髓部；s.吸根；sph.次生韧皮部；sx.次生木质部；ur.非侵染射线。

附图 25　云杉矮槲寄生严重侵染青海云杉

附图 26　青杆受云杉矮槲寄生侵染后形成的扫帚丛枝

附图 27　正常脱落的云杉矮槲寄生寄生芽的形态学观察（朱宁波，2016）
注：A–B. 自然脱落寄生芽；C. 人为除去寄生芽产生的洞孔以及孔洞内部产生此寄生芽的皮层根（未标记箭头染色较浅处）与周围健康的寄主组织；D. 从径切面观察寄生芽以及产生寄生芽的皮层根。b. 皮层根；bu. 寄生芽；co. 皮层。

附图28 乙烯利致使云杉矮槲寄生寄生芽脱落的形态学观察（朱宁波，2016）
注：A.被乙烯利杀死且颜色变成红褐色的寄生芽；B.寄生芽脱落后的痕迹及其周围颜色变成红棕色的寄主组织（未标记箭头处）；C.寄生芽周围死亡的组织被去除后形成的光滑洞孔（未标记箭头处）；D.乙烯利作用后在寄主枝条截面观察寄生芽与寄主接触处组织颜色的变化（未标记箭头处）；E.喷洒乙烯利后在寄主枝条截面观察寄生芽和产生此寄生芽的部分皮层根颜色变成红褐色；F.截面观察图E中寄生芽脱落后形成的光滑洞孔（未标记箭头处）。bu.寄生芽。

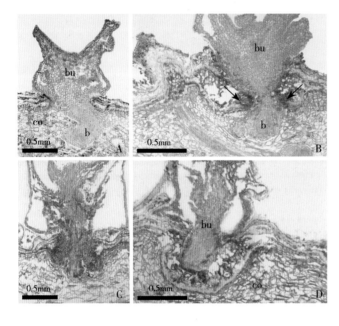

附图29 乙烯利致使云杉矮槲寄生寄生芽脱落过程的解剖学观察（横切面）（朱宁波，2016）
注：A.健康的寄生芽；B-C.乙烯利在寄主和寄生芽接触点（未标记箭头处）开始产生杀死寄生芽与寄主细胞；D.寄生芽脱落。b.皮层根；bu.寄生芽；co.皮层。

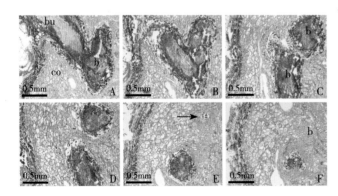

附图30 乙烯利对云杉矮槲寄生皮层根伤害过程的解剖学观察（横切面）（朱宁波，2016）
注：A.乙烯利在寄生芽与寄主的接触点渗透到寄主组织内杀死皮层根和其周围的寄主皮层细胞；B-D.乙烯利沿着皮层根生长的方向渗透并杀死与此皮层根相连的其他皮层根细胞；E.乙烯利对皮层根的伤害逐渐的减弱（未标记箭头处）；F.乙烯利对皮层根不再产生伤害。b.皮层根；bu.寄生芽；co.皮层。

附图31　乙烯利对云杉矮槲寄生皮层根伤害的解剖学观察（横切面A，径切面B）（朱宁波，2016）
注：A.乙烯利杀死皮层根和其周围寄主皮层的细胞后产生的类似歪J形洞孔（未标记箭头处）；B.乙烯利沿着皮层根的方向杀死皮层根和其周围寄主的细胞。b.皮层根；bu.寄生芽；co.皮层。

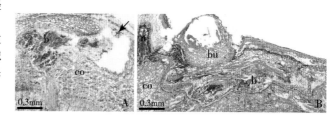

附图32　乙烯利不伤害不产生云杉矮槲寄生寄生芽的皮层根的解剖学观察（横切面）（朱宁波，2016）
注：A.被杀死的寄生芽附近健康的皮层根（未标记箭头）；B.被杀死的皮层根（未标记箭头）附近健康的皮层根。b.皮层根；bu.寄生芽；co.皮层。

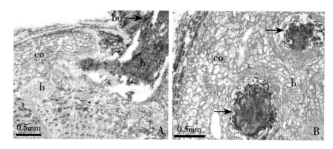

附图33　乙烯利致使寄主针叶脱落的解剖学观察（朱宁波，2016）
注：A.针叶产生离层（未标记箭头处），尚未脱落；B.针叶脱落，乙烯利对寄主内部组织未造成伤害（未标记箭头处）；C.针叶上的离层细胞（为标记箭头处）。co.皮层；n.针叶。

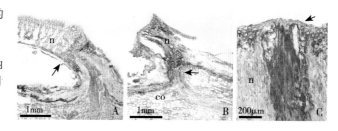

附图34　不同比例乙烯利水剂对寄主芽伤害的解剖学观察（朱宁波，2016）
注：A.1∶500乙烯利水剂对寄主芽的伤害不明显（未标记箭头处）；B.1∶400的乙烯利水剂杀死寄主芽的部分细胞（未标记箭头处）；C.1∶200的乙烯利水剂造成寄主芽细胞大量死亡。bu.寄生芽；hbu.寄主的芽。

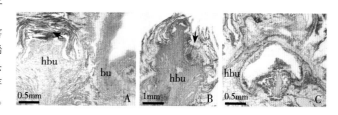

附图35　不同比例乙烯利水剂对寄主嫩枝伤害的解剖学观察（朱宁波，2016）
注：A.1∶500乙烯利水剂杀死寄主枝条边缘的细胞（未标记箭头处）；B.1∶400乙烯利水剂对寄主嫩枝伤害加重（未标记箭头处）；C.1∶200的乙烯利水剂造成寄主枝条细胞大量死亡并断裂。br.branch。

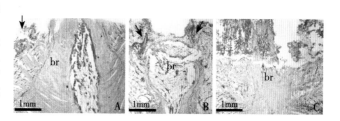

附图36 云杉矮槲寄生变色症状（赵敏，2016）

附图37 云杉矮槲寄生坏死形成斑点（赵敏，2016）

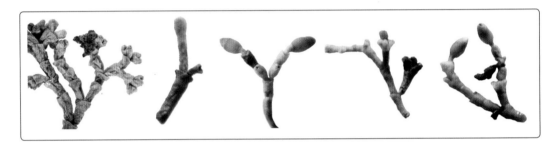

附图38 云杉矮槲寄生腐烂症状（赵敏，2016）

附图39 云杉矮槲寄生枯萎（赵敏，2016）

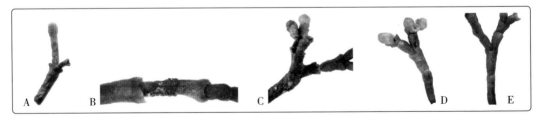

附图40 菌饼离体伤口接种时病原物侵染云杉矮槲寄生危害状（赵敏，2016）
注：A. 自然发病；B. B2-2菌株侵染症状；C. B20-2菌株侵染症状；D. 空白对照；E. 其他分离物离体伤口接种云杉矮槲寄生的代表。

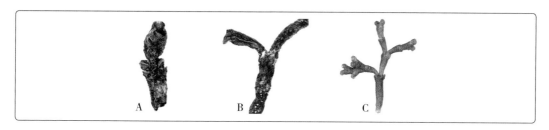

附图 41 *Colletotrichum gloeosporioides* 对云杉矮槲寄生的侵染症状（赵敏，2016）

注：A.胶孢炭疽菌 *Colletotrichum gloeosporioides* M1–6 侵染云杉矮槲寄生的茎；B.胶孢炭疽菌 *Colletotrichum gloeosporioides* CFCC80308 侵染云杉矮槲寄生的茎；C.空白对照。

附图 42　分生孢子悬浮液离体接种云杉矮槲寄生危害状（赵敏，2016）

注：A.B2–2 菌株侵染症状；B.B20–2 菌株侵染症状；C.胶孢炭疽菌 *Colletotrichum gloeosporioides* M1–6 侵染症状；D.胶孢炭疽菌 *Colletotrichum gloeosporioides* CFCC80308 侵染症状；E.对照。

B2-2　　B20-2　　M1-6　　CFCC80308　　缓冲液　　水

附图 43　孢子悬浮液离体接种寄主（赵敏，2016）

附图 44　胶孢炭疽菌林间活体接种云杉矮槲寄生（赵敏，2016）

注：A.接种前；B–C.接种后；D.再分离获得胶孢炭疽菌菌落及分生孢子。

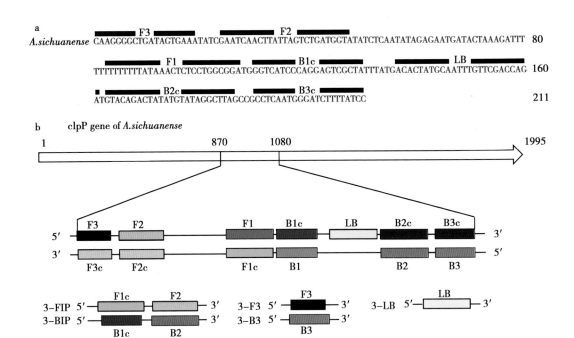

附图 45　云杉矮槲寄生的 LAMP 引物结构（赵瑛瑛，2016）

注：a. 云杉矮槲寄生叶绿体基因目标区域序列比对；b. LAMP 引物图示。

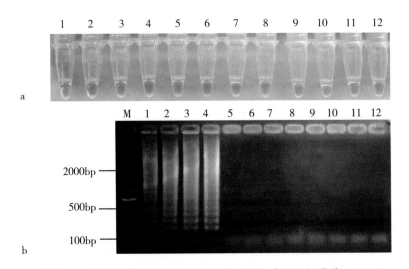

附图 46　云杉矮槲寄生的 LAMP 反应灵敏度试验（赵瑛瑛，2016）

注：M=DL2000 Marker；a. HNB 的颜色变化图；b. 对应的电泳图。M=DL2000 Marker，模板 DNA 浓度（ng·μL^{-1}）的数量级为：1=10^1，2=10^0，3=10^{-1}，4=10^{-2}，5=10^{-3}，6=10^{-4}，7=10^{-5}，8=10^{-6}，9=10^{-7}，10=10^{-8}，11= 健康寄主（青海云杉），12=ddH$_2$O。